V&R

HEINRICH HEMME

Mathematik zum Frühstück

89 mathematische Rätsel
mit ausführlichen Lösungen

Mit zahlreichen Abbildungen

Vandenhoeck & Ruprecht in Göttingen

CIP-Titelaufnahme der Deutschen Bibliothek

Hemme, Heinrich:
Mathematik zum Frühstück:
89 mathematische Rätsel mit ausführlichen Lösungen/
Heinrich Hemme. – Göttingen:
Vandenhoeck u. Ruprecht, 1990
ISBN 3-525-40734-3

Umschlagzeichnung: Friedrich Wille, Kassel
Druck: Hubert & Co., Göttingen

Vorwort

Dieses Buch ist eine Fortsetzung meiner Rätselsammlung *Heureka!*. Es enthält, genau wie der erste Band, ausschließlich Aufgaben, die ohne großen Rechenaufwand zu lösen sind, wenn man auf den richtigen Kniff kommt. Ohne diesen Kunstgriff aber muß man oft lange und mühevoll rechnen, um zum gleichen Ergebnis zu gelangen. Dies unterscheidet die Probleme von gewöhnlichen Mathematikaufgaben, wie wir sie aus der Schule kennen.

Die Aufgaben dieses Buches sind verschieden schwierig. Manche sind nur mathematische Scherze, andere verlangen Grundkenntnisse in Algebra, Geometrie und Zahlentheorie. Bis auf wenige Ausnahmen reichen jedoch die normale Schulmathematik und der gesunde Menschenverstand aus, um die Probleme zu knacken.

Jeder Schüler kann ein Lied davon singen, wie schwierig es sein kann, von einem mathematischen Problem die Lösung zu finden. Und doch besitzt er in der Regel eine sehr hilfreiche Information: Er weiß, die Aufgabe, die sein Lehrer ihm stellte, hat eine Lösung.

Wenn man nicht von vornherein weiß, ob ein Problem lösbar ist, kann die Arbeit viel vertrackter werden. Man sucht Stunden, Tage oder Wochen nach einer Lösung, aber man findet keine. Dann vermutet man, die Aufgabe ist unlösbar, und es gilt, den Verdacht zu beweisen. Diese Arbeit kann sich als schwer und langwierig herausstellen.

Es ist also ein großer Vorteil, wenn man weiß, ob eine Aufgabe lösbar ist oder nicht. Darum bemühen sich die Mathematiker für verschiedene Probleme gleichen Typs Existenzbeweise zu finden. Wenn ein Problem, zum Beispiel eine Differentialgleichung, gewisse formale Voraussetzungen erfüllt, dann garantiert der Existenzbeweis, daß es eine Lösung besitzt. Diese Existenzbeweise sind oft nicht leicht zu finden, aber für die Mathematik unerläßlich.

Es gibt einen Witz, der seit einigen Jahren unter Mathematikern über diese Problematik kursiert.

Ein Ingenieur, ein Physiker und ein Mathematiker bekommen die Aufgabe gestellt, 2×2 zu berechnen. Der Ingenieur bestimmt das Ergebnis im Kopf und hat die Lösung sofort. Der Physiker tippt die Zahlen in seinen Taschenrechner ein und braucht auch nur einige Sekunden. Der Mathematiker aber schreibt sich die Aufgabe sorgfältig auf, zieht sich auf sein Kämmerlein zurück, denkt einige Stunden über das Problem nach, wälzt viele Bücher und verkündet schließlich stolz: Es existiert eine Lösung!

5

In diesem Buch gibt es etliche Probleme, die unlösbar sind. Man sieht es ihnen jedoch nicht ohne weiteres an. Wenn Sie beim Lösen der Aufgaben keine grauen Haare bekommen wollen, überprüfen Sie lieber vorher, ob sie überhaupt eine Lösung haben. Alle unlösbaren Probleme besitzen einen eleganten, und wenn man auf den richtigen Trick kommt, einfachen Unlösbarkeitsbeweis.

Ich habe mich bemüht, die Geschichte der einzelnen Probleme so weit wie möglich zurückzuverfolgen, um ihre Erfinder zu entdecken. Dies war ein sehr schwieriges, ja fast unmögliches Unterfangen, weil kaum ein Autor eines Rätselbuches oder -artikels jemals angibt, woher er sein Aufgaben hat. Ich habe bei jedem Problem die älteste Quelle, die ich gefunden habe, angegeben. Ob dies auch immer der Erfinder des Problems ist, bleibt allerdings sehr fraglich, ja sogar unwahrscheinlich. Darum bin ich jedem Leser dankbar, der mir ältere Quellen nennen kann.

Mit allen Aufgaben dieses Buches und auch denen aus *Heureka!* habe ich bereits meine Mitmenschen unterhalten, geärgert, amüsiert, verblüfft oder erfreut. Während der Jahre, in denen ich an der Universität Osnabrück arbeitete, mußten meine Kollegen morgens in der Frühstücksrunde Denksportaufgaben lösen und mein triumphierendes Lächeln ertragen, wenn sie sie nicht knacken konnten. Mit dem Titel dieses Buches *Mathematik zum Frühstück* möchte ich mich darum bei *Hendrik Derks, Hansjörg Donnerberg, Hans-Peter Menzler, Andreas Närmann, Brigitte Neite* und *Siegfried Schubert* für ihre Geduld bedanken.

Heinrich Hemme
Ootmarsumer Weg 121
4460 Nordhorn

Inhaltsverzeichnis

Aufgaben

Erste Lösungen

Zweite Lösungen

Dritte Lösungen

Aufgaben

1. Springerzüge

Jedes der fünfundzwanzig Felder eines 5×5-Schachbretts ist mit einem Springer besetzt. Mit allen fünfundzwanzig Figuren soll gleichzeitig ein Zug gemacht werden; anschließend muß auf jedem Feld wieder ein Springer stehen. Es sind natürlich nur die beim Schach üblichen Springerzüge erlaubt.

Wie müssen die einzelnen Züge aussehen? Wieviele verschiedene Möglichkeiten gibt es?

2. Der runde See

Ein Mann steht am Ufer eines kreisrunden Sees. Er springt in das Wasser und schwimmt genau nach Norden. Nach sechzig Metern trifft er wieder auf das Ufer. Dort ändert er seine Richtung, schwimmt nach Osten und erreicht nach achtzig Metern erneut das Ufer.

Welchen Durchmesser hat der See?

3. Sockenprobleme

In einem Korb werden rote, in einem zweiten grüne und in einem dritten rote und grüne Socken aufbewahrt. Auf den Deckeln der Körbe sind Schilder, auf denen ihr Inhalt verzeichnet ist. Leider wurden alle Deckel vertauscht, so daß kein Korb mehr richtet beschriftet ist.

Sie dürfen nacheinander in die Körbe greifen und jeweils eine Socke herausnehmen, ohne sich dabei den Rest des Inhalts anzusehen. Wieviele Socken müssen Sie mindestens aus den Körben nehmen, um alle Deckel wieder richtig zuordnen zu können? In welche Körbe müssen Sie greifen?

4. Die Teilung des Kuchens

Tante Gertrud ist zu Besuch gekommen. Sie hat ihrem Neffen und ihrer Nichte eine Torte gebacken. „Teilt sie euch gerecht auf!", sagt sie und gibt Alfred den Kuchen.

Wie können Alfred und Berta Streitereien vermeiden und den Kuchen so teilen, daß beide davon überzeugt sind, mindestens die Hälfte bekommen zu haben?

5. Die Schnecke und die Fahnenstange

Eine Schnecke beginnt eines Tages im Morgengrauen eine 17,5 Meter hohe Fahnenstange hinauf zu kriechen. Sie schafft am Tag 5,25 Meter, rutscht aber in der Nacht wieder um 3,50 Meter herunter. Wann erreicht die Schnecke die Spitze der Fahnenstange?

6. Die Ecken des Quadrats

Von einem Quadrat mit einer Kantenlänge von zehn Zentimetern sind zwei Ecken abgeschnitten worden. Die genauen Maße gehen aus der Skizze hervor. Wie groß ist die Fläche der beiden abgeschnittenen Stücke zusammen?

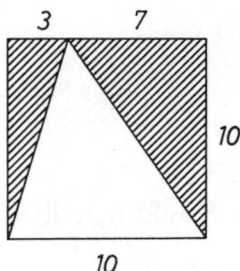

7. Ein Problem für Biertrinker

Diese Aufgabe ist für alle mathematisch interessierten Biertrinker gedacht und dürfte für jeden Stammtisch geeignet sein.

Ein halbvolles Glas Bier ist bekanntlich das gleiche wie ein halbleeres Glas Bier. Mathematisch ausgedrückt heißt das:

$$\tfrac{1}{2} \text{ volles Glas Bier} = \tfrac{1}{2} \text{ leeres Glas Bier}$$

Wenn man beide Seiten der Gleichung mit 2 multipliziert, so ergibt sich daraus:

$$1 \text{ volles Glas Bier} = 1 \text{ leeres Glas Bier}$$

Was ist falsch?

8. Die Kalenderwürfel

In vielen Kaufhäusern und Geschäften für Bürobedarf findet man Schreibtischkalender, die nur aus zwei Holzwürfeln, die in einem Halter liegen, bestehen. Auf jeder Seite der beiden Würfel ist eine einzelne Ziffer aufgedruckt. Die Vorderseiten der Würfel zeigen, wenn man sie passend nebeneinander in den Halter legt, die Monatstage von 01, 02, 03 bis 31.

Welche Ziffern müssen auf den Würfelseiten stehen?

9. Dreieckslinien

In einem Dreieck mit den Seitenlängen 10, 13 und 21 Zentimeter sind zwanzig Linien eingezeichnet, die alle parallel zur kürzesten Dreiecksseite verlaufen, und die das Dreieck in einundzwanzig gleichbreite Streifen zerteilen. Wie groß ist die Gesamtlänge dieser Linien?

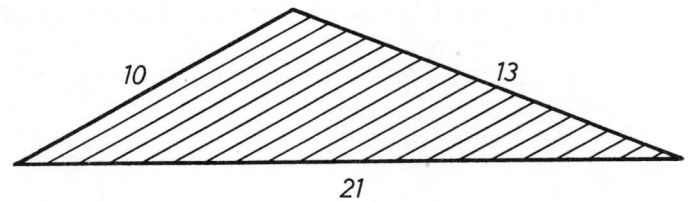

10. Freitag, der 13.

Wieviele Freitage, die auf einen 13. fallen, gibt es mindestens und wieviele höchstens in einem Jahr?

11. Ein rechtwinkliges Zwölfeck

Bei einem gleichseitigen Zwölfeck können nicht alle benachbarten Seiten rechtwinklig aufeinander stoßen. Versuchen Sie diese Behauptung zu beweisen!

12. Der Bücherwurm

Ein Bücherfreund kauft sich ein neues zweibändiges Werk. Er schlägt den Einbanddeckel des ersten Bandes auf, schreibt seinen Namen auf das Vorsatzblatt, schließt das Buch wieder und stellt beide Bände ordnungsgemäß in sein Regal. Beim Schreiben des Namens ist unbemerkt ein Bücherwurm zwischen den Einbanddeckel und die erste Seite gefallen. Der Wurm beginnt sofort zu nagen. Er braucht zum Durchfressen eines Blattes einen Tag und eines Einbanddeckels drei Tage. Jeder der beiden Bände hat zweihundert Seiten. Wie lange braucht der Bücherwurm, bis er auf den hinteren Einbanddeckel des zweiten Bandes stößt?

13. Das Fünfmarkstück

Ein Fünfmarkstück hat einen Durchmesser von 29 Millimetern. Wie groß muß ein kreisförmiges Loch in einem Blatt Papier mindestens sein, damit man diese Münze dort hindurchstecken kann?

14. Zwei Freundinnen

Ein junger Mann hat zwei Freundinnen, eine blonde und eine schwarzhaarige. Er wohnt in der Innenstadt, seine blonde Freundin in einem nördlichen und seine schwarzhaarige in einem südlichen Vorort. In der Nähe der Wohnung des jungen Mannes liegt eine U-Bahnstation, von der alle zehn Minuten ein Zug nach Norden geht, und auch die Züge nach Süden fahren mit jeweils zehn Minuten Abstand. Jeden Tag besucht der junge Mann eine seiner Freundinnen. Da er beide Mädchen gleich gerne mag, überläßt er es dem Zufall, zu welcher er fährt. Er geht einfach irgendwann, ohne auf die Uhr zu schauen, zur U-Bahnstation und steigt in den Zug, der zuerst ankommt. Fährt dieser Zug nach Norden, besucht er seine blonde Freundin, fährt er nach Süden, besucht er das schwarzhaarige Mädchen. Trotzdem stellt er nach einigen Monaten fest, daß er neunmal so oft bei der Freundin im Norden als bei der im Süden war. Woran kann das liegen?

15. Unendlich viele Wurzeln

$$\sqrt{x + \sqrt{x + \sqrt{x + \ldots}}} = \sqrt{x \cdot \sqrt{x \cdot \sqrt{x \cdot \ldots}}}$$

Diese Gleichung besteht aus zwei unendlich tief geschachtelten Wurzeltermen. Ist es trotzdem möglich, ihre Lösungen zu bestimmen?

16. Das magische Multiplikationsquadrat

Ein magisches Quadrat ist ein Raster aus $n \times n$ Feldern, in denen die Zahlen von 1 bis n^2 so verteilt sind, daß ihre Summen in den n Feldern jeder Zeile, jeder Spalte und der beiden Diagonalen gleich sind.

Da es ein magisches 2×2-Quadrat nicht gibt, hat das einfachste Quadrat neun Felder. Wenn man von den Varianten absieht, die durch Drehungen und Spiegelungen der Grundform entstehen, so gibt es nur ein einziges magisches 3×3-Quadrat. Die Summe in seinen Zeilen, Spalten und Diagonalen beträgt jeweils 15. Dieses Quadrat, Loh Shu genannt, kennt man in China schon seit dem vierten vorchristlichen Jahrhundert.

2	7	6
9	5	1
4	3	8

Bei der normalen Art von magischen Quadraten ist die Summe der Zeilen-, Spalten- und Diagonalenelemente konstant. Kann es auch 3×3-Quadrate geben, bei denen das Produkt der Zahlen jeder Zeile, Spalte und Diagonalen gleich ist? In den Feldern eines solchen Multiplikationsquadrates brauchen nicht die Zahlen von 1 bis 9 zu stehen. Sie dürfen irgendwelche positiven, ganzen Zahlen nehmen, die jedoch alle verschieden sein müssen.

17. Quadrate, Kuben und fünfte Potenzen

Die Eins ist die kleinste ganze Zahl, die gleichzeitig eine Quadratzahl, eine Kubikzahl und die fünfte Potenz einer ganzen Zahl ist. Wie heißt die zweitkleinste Zahl mit diesen Eigenschaften?

18. Der Handelsreisende

Ein Handelsreisender muß zweiundzwanzig Städte besuchen. Damit er zum Wochenende wieder pünktlich zu Hause ist, möchte er durch keine Stadt mehr als einmal fahren. Dabei darf er natürlich nur die auf der Karte eingezeichneten Straßen benutzen. Ist eine solche Rundtour möglich, und wenn ja, in welcher Stadt muß er seine Reise beginnen, und wo endet sie?

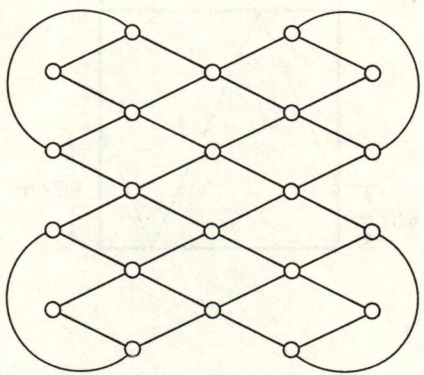

19. Rationale und irrationale Zahlen

Zahlen, die sich auch als Bruch schreiben lassen, wie zum Beispiel $0,5 = \frac{1}{2}$ oder $0,333... = \frac{1}{3}$, nennt man rationale Zahlen. Alle anderen, wie beispielsweise $\sqrt{2} = 1,4141...$, $\pi = 3,1415...$ oder $e = 2,8272...$ heißen irrationale Zahlen. Beide Zahlenarten zusammen bilden die Menge der reellen Zahlen.

Wenn man eine irrationale Zahl mit einer zweiten irrationalen Zahl potenziert, erhält man in der Regel als Ergebnis wieder eine irrationale Zahl. Muß das immer so sein, oder kann das Ergebnis in manchen Fällen auch eine rationale Zahl sein?

20. Der Billardtisch

Auf einem quadratischen Billardtisch, der eine Seitenlänge von 1,80 Metern hat, liegt direkt an der Bande, 45 Zentimeter von der vorderen, linken Ecke entfernt eine Kugel. Sie soll durch den in der Abbildung gezeigten Zweibandenstoß zur Mitte der gegenüberliegenden Bande rollen.

An welchen Stellen trifft die Kugel die hintere und die vordere Bande, wenn der Ausfallswinkel bei der Reflexion gleich dem Einfallswinkel ist?

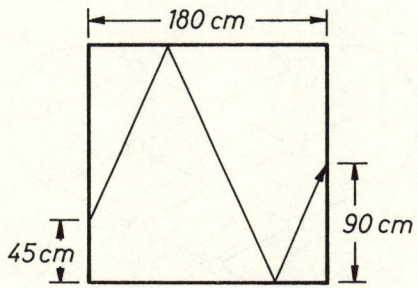

21. Der Treffpunkt

Zwei Freunde essen jeden Mittag im selben Restaurant. Jeder der beiden geht jeden Tag irgendwann zwischen zwölf und dreizehn Uhr in das Lokal, bleibt dort immer genau eine halbe Stunde zum Essen und verläßt es dann wieder. Wenn die beiden Eintreffpunkte der Freunde völlig zufällig irgendwann zwischen zwölf und dreizehn Uhr liegen, wie groß ist dann die Wahrscheinlichkeit, daß sie sich treffen?

22. Das Zersägen eines Schachbretts

Ein Tischler soll ein Schachbrett mit einer Kreissäge, mit der man nur gerade Schnitte ausführen kann, entlang der Feldgrenzen in die vierundsechzig einzelnen Quadrate zerlegen. Er darf nach jedem Schnitt die entstandenen Teile beliebig übereinanderlegen und dann gleichzeitig durchsägen. Wie oft muß er mindestens sägen?

23. Der Schnellrechner

Der große deutsche Mathematiker, Physiker und Astronom *Karl Friedrich Gauß* (1777–1855) ging als Kind in Braunschweig zur Schule. Eines Tages – Gauß war etwa acht Jahre alt – brauchte sein Lehrer dringend für längere Zeit Ruhe, um Hefte zu korrigieren. Er stellte deshalb der Klasse die Aufgabe, die Zahlen von 1 bis 100 zusammenzuzählen. Nach wenigen Minuten kam der kleine *Gauß* nach vorne und legte dem Lehrer seine Tafel, auf der nur eine einzige Zahl stand – das richtige Ergebnis – aufs Pult.

Wie lautete diese Zahl, und wie hatte sie der kleine *Gauß* errechnet?

24. Die Weinflasche

Eine volle Flasche Wein kostet in dem Laden an der Ecke elf Mark. Der Wein ist zehn Mark mehr wert als die Flasche. Wie hoch ist das Flaschenpfand?

25. Die fehlerhafte Ungleichung

Die Ungleichung

$$\left(\frac{1}{2}\right)^3 < \left(\frac{1}{2}\right)^2$$

ist offensichtlich richtig. Wir logarithmieren nun beide Seiten mit der Basis $1/2$ und erhalten

$$\log_{1/2}\left(\frac{1}{2}\right)^3 < \log_{1/2}\left(\frac{1}{2}\right)^2$$

$$3\log_{1/2}\left(\frac{1}{2}\right) < 2\log_{1/2}\left(\frac{1}{2}\right).$$

Da für jeden Logarithmus das Gesetz $\log_b b = 1$ gilt, muß $3 < 2$ sein. Wo steckt der Fehler?

26. Bestimmungsgrößen von Dreiecken

Jedes Dreieck hat sechs Bestimmungsgrößen: drei Seiten und drei Winkel. In vielen Geometrieschulbüchern kann man lesen, daß zwei Dreiecke kongruent, das heißt deckungsgleich sind, wenn entweder zwei Winkel und eine Seite oder ein Winkel und zwei Seiten oder alle drei Seiten gleich sind.

Kann es Dreiecke geben, bei denen die Werte von fünf Bestimmungsgrößen übereinstimmen und die trotzdem nicht kongruent oder spiegelbildlich sind?

27. Das geplättete Polyeder

Das Skelett eines Polyeders wird von seinen Kanten und Ecken gebildet. Stellt man sich die Kanten als Gummifäden vor, kann man das Skelett so weit dehnen, daß es sich flach auf einem Tisch ausbreiten läßt.

Die Abbildung zeigt ein geplättetes Polyederskelett. Haben Sie ein gutes räumliches Vorstellungsvermögen? Dann versuchen Sie herauszubekommen, wie der Körper ursprünglich ausgesehen hat!

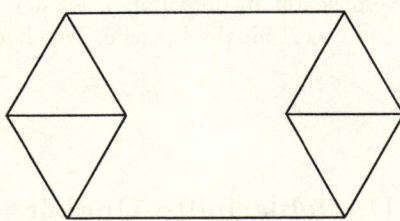

28. Die vier Schnecken

Vier Schnecken – A, B, C und D – sitzen auf den Ecken eines Quadrats von einem Meter Seitenlänge. Gleichzeitig und mit gleicher Geschwindigkeit kriecht A auf B, B auf C, C auf D und D auf A zu. Da die Schnecken ständig ihre Richtungen ändern müssen, um immer genau aufeinander zu zu kriechen, sind ihre Bahnen Spiralen, die sich im Mittelpunkt des Quadrates treffen. Wie lang ist der Weg einer Schnecke bis zum Treffpunkt?

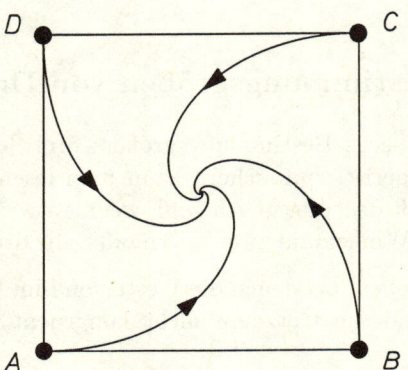

29. Lügner

Ein Junge und ein Mädchen sitzen auf einer Parkbank. „Ich bin ein Junge“, sagt das Kind mit den schwarzen Haaren. „Und ich bin ein Mädchen“, antwortet das mit den blonden Haaren. Wenigstens ein Kind lügt. Welche Haarfarbe hat das Mädchen?

30. Ein Wurzelvergleich

Welche der Zahlen $\sqrt[10]{10}$ und $\sqrt[3]{2}$ ist größer? Versuchen Sie diese Frage zu beantworten, ohne einen Taschenrechner zu benutzen.

31. Inecke und Umecke

Einem Quadrat ist ein Kreis einbeschrieben, der wiederum Umkreis eines zweiten Quadrates ist. In welchem Verhältnis stehen die Flächeninhalte der beiden Quadrate?

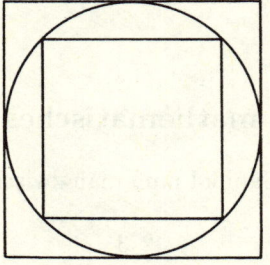

32. Fakultäten

Fakultäten sind Zahlen, die sehr schnell anwachsen. So ist 13! bereits eine zehnstellige Zahl. Versuchen Sie ohne Taschenrechner, Tabelle oder viel Arbeit herauszubekommen, welche der drei folgenden Zahlen gleich 13! ist: 6227020800, 6227028000 oder 6227080002.

33. Eine diophantische Gleichung

Eine diophantische Gleichung ist eine Gleichung, deren Lösungen ganzzahlig sein müssen. Sie haben ihren Namen von dem griechischen Mathematiker *Diophantos*, der um 250 n. Chr. in Alexandria lebte.

$$187x - 104y = 41$$

Für diese diophantische Gleichung sind fünf Lösungsvorschläge vorhanden: Vier davon sind richtig, einer ist falsch. Finden Sie das falsche Zahlenpaar heraus, ohne Bleistift und Papier und ohne einen Taschenrechner zu benutzen!

Lösungsvorschläge:
- a) $x = 3,$ $y = 5$
- b) $x = 107,$ $y = 192$
- c) $x = 211,$ $y = 379$
- d) $x = 314,$ $y = 565$
- e) $x = 419,$ $y = 753$

34. Determinanten

Die neun Ziffern von 1 bis 9 können auf $9! = 362880$ verschiedenen Weisen zu einer 3×3-Matrix angeordnet werden. Zu jeder dieser Matrizen gehört eine Determinante. Wie groß ist die Summe aller 362880 Determinanten?

35. Ein mathematisches Symbol

Welches mathematische Symbol muß man zwischen die beiden Ziffern

$$2 \quad 3$$

setzen, damit das Ergebnis größer als 2, aber kleiner als 3 wird? Es dürfen natürlich keine neuen Symbole erfunden werden.

36. Der Widerstandswürfel

Diese Aufgabe ist nicht rein mathematischer Natur, sondern gehört in den Bereich der Elektrotechnik. Die Lösung ist jedoch so elegant, daß ich nicht darauf verzichten wollte, das Problem in dieser Sammlung aufzunehmen.

Das Skelett eines Würfels, das von seinen Kanten und Ecken gebildet wird, ist aus zwölf 1-Ohm-Widerständen zusammengelötet. Wie groß ist der Gesamtwiderstand zwischen den beiden sich diagonal gegenüberliegenden Ecken A und B?

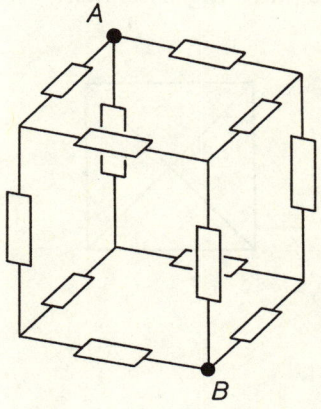

37. Die Stellenzahl

Wieviele Stellen hat die Zahl 2^{-n} in Dezimaldarstellung nach dem Komma? Die Größe n soll eine positive ganze Zahl sein.

38. Eine kuriose Zahl

Gibt es eine positive reelle Zahl, deren Fünftel mit ihrem Siebtel multipliziert die Zahl selbst ergibt?

39. Die Kosinussumme

Wie groß ist die Summe der fünf Kosinusse?

$$\cos 5° + \cos 77° + \cos 149° + \cos 221° + \cos 293° = ?$$

40. Diagonalen

Die Diagonalen eines Quadrates sind gleich lang und schneiden sich unter rechten Winkeln. Haben auch die dreidimensionalen Analoga, die Raumdiagonalen eines Würfels, diese Eigenschaften?

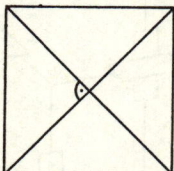

41. Der verknäulte Expander

Ein Expander liegt entspannt auf einem Tisch; sein fünf Gummiseile sind verknäult. Von den Seilen ist nur der obere Teil gezeichnet worden. Ergänzen Sie die Zeichnung so, daß die fünf Seile im gestreckten Zustand des Expanders nicht verflochten sind und parallel verlaufen. In der Skizze deutet die durchbrochene Linie an einem Schnittpunkt von zwei Seilen das untere der beiden an.

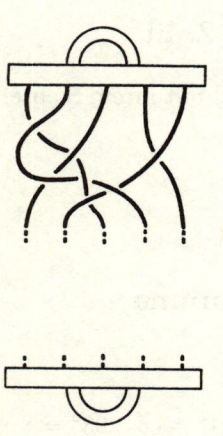

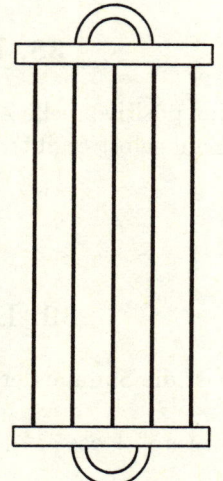

42. Reihen

Die Zahlen dieser Reihe sind nach einem bestimmmten Gesetz gebildet worden. Wie lautet das Gesetz, und wie heißt die nächste Zahl in der Reihe?

$$1, 8, 11, 69, 88, 96, 101, 111, \ldots$$

43. Dreieck und Kreise

Bei einem Dreieck ist die Grundseite a um zehn Zentimeter länger als die Seite b. Der von beiden Seiten eingeschlossene Winkel γ beträgt 60°. Zwei Kreise, die diese Dreiecksseiten als Durchmesser haben, schneiden sich zweimal: Einer der Schnittpunkte ist die Ecke, an der sich a und b treffen; der andere Schnittpunkt liegt innerhalb des Dreiecks.

Wie weit ist der zweite Schnittpunkt von der dritten Dreiecksseite c entfernt?

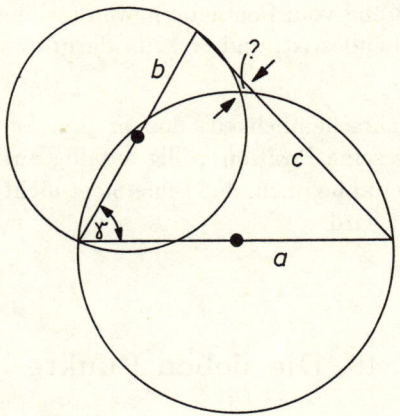

44. Ein seltsames Datum

Dez. 1987 = Okt. 3703

Wie kann man diese seltsame Datumsgleichung erklären?

45. Sechs Menschen

Von sechs völlig willkürlich aus der Weltbevölkerung herausgegriffenen Menschen gibt es immer drei, die sich entweder gegenseitig kennen, oder die sich völlig fremd sind. Warum?

46. Teilbarkeit durch 8

Eine fünfzehnstellige Zahl soll mit dem Taschenrechner darauf untersucht werden, ob sie sich ohne Rest durch 8 teilen läßt. Leider arbeitet der Rechner nur mit acht Stellen. Mit welchem einfachen Trick geht es trotzdem?

47. Das Pentagon

Ein Spion beobachtet mit einem Feldstecher das amerikanische Verteidigungsministerium, dessen Grundfläche ein regelmäßiges Fünfeck ist. Es wird deshalb auch meistens Pentagon genannt. Der Spion hat sein Versteck in einer Entfernung vom Pentagon gewählt, die groß gegenüber den Seitenlängen des Gebäudes ist, und er kann darum zwei oder drei Seiten des Pentagons sehen.

Wie groß ist die Wahrscheinlichkeit, daß er drei Seiten des Pentagons sehen kann, wenn er seine Position völlig zufällig auswählt? Wir wollen der Einfachheit halber annehmen, daß seine Sicht nicht durch Häuser oder Bäume eingeschränkt wird.

48. Die sieben Punkte

Wie muß man sieben Punkte anordnen, so daß jede beliebige Auswahl von drei Punkten die Ecken eines gleichschenkligen Dreiecks bildet?

49. Eine Parallelprojektion

Bei einer Dreitafel- oder Parallelprojektion schaut man von oben, von vorne und von der Seite auf das Objekt, das man abbilden will. Die beiden Zeichnungen dieser Aufgabe geben die Vorderansicht und die Seitenansicht eines Körpers wieder. Wie es bei einer technischen Zeichung üblich ist, sind die sichtbaren Kanten durch ausgezogene Linien und die unsichtbaren Kanten, sofern sie nicht durch sichtbare verdeckt werden, durch gestrichelte Linien dargestellt. In den beiden Ansichten hat der Körper also keine nicht abgedeckten unsichtbaren Kanten. Wie könnte der Körper aussehen?

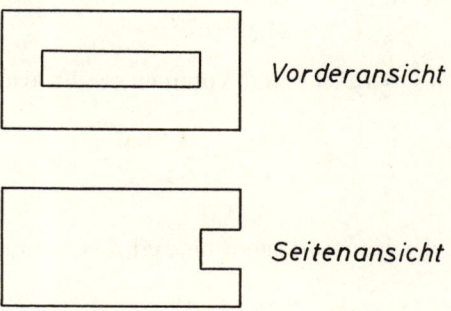

Vorderansicht

Seitenansicht

50. Faktoren ohne Null

Versuchen Sie die Zahl Milliarde als Produkt von zwei ganzen Zahlen n und m darzustellen.

$$n \cdot m = 1000000000$$

Dabei soll keine der Ziffern von n und m eine Null sein.

Hat dieses Problem eine Lösung? Und wenn ja, wieviele verschiedene Lösungen gibt es, und wie lauten sie?

51. Große Zahlen

Ordnen Sie die Exponentialzahlen 2^{55}, 3^{44}, 4^{33} und 5^{22} nach ihrer Größe, ohne dabei einen Taschenrechner oder einen Heimcomputer zu benutzen!

52. Der Wert 1

Bilden Sie einen arithmetischen Ausdruck, der den Wert 1 hat, in dem jede der zehn Ziffern genau einmal vorkommt, und der trotzdem keine weiteren mathematischen Symbole enthält.

53. Volumen und Oberfläche

Eine Kugel mit dem Durchmesser d hat ein Volumen von

$$V_k = \frac{1}{6}\pi d^3$$

und eine Oberfläche von

$$A_K = \pi d^2.$$

Das Verhältnis von Oberfläche und Volumen ergibt also

$$\frac{A_K}{V_K} = \frac{d}{6}.$$

Bei einem Würfel der Kantenlänge d beträgt das Volumen

$$V_W = d^3$$

und die Oberfläche

$$A_W = 6d^2$$

und somit der Oberfläche-Volumen-Quotient

$$\frac{A_W}{V_W} = \frac{d}{6}.$$

Folglich ist bei beiden Körpern das Verhältnis von Oberfläche zu Volumen gleich.

In jedem Schulbuch über elementare Geometrie kann man nachlesen, daß unter allen denkbaren Körpern, die das gleiche Volumen haben, die Kugel die kleinste Oberfläche hat. Wie ist es darum zu erklären, daß die Oberfläche-Volumen-Quotienten bei der Kugel und beim Würfel gleich sind?

54. Die Rundtour des Springers

Kann ein Springer, der auf einem $4 \times n$-Schachbrett steht, $4n$ aufeinanderfolgende Züge machen und dabei jedes Feld genau einmal betreten und zum Schluß zum Ausgangsfeld zurückkehren? Die Größe n kann eine beliebige positive ganze Zahl sein. Selbstverständlich sind nur die beim Schach üblichen Züge für den Springer erlaubt.

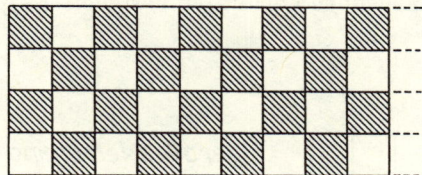

55. Das Problem des Händeschüttelns

Herr und Frau Wiener haben zu ihrer Gartenparty drei Ehepaare eingeladen. Einige der Gäste begrüßen sich und das Ehepaar Wiener mit einem Handschlag, andere nicken sich nur zu. Dabei schüttelt keiner seinem Ehepartner und keiner jemanden mehrmals die Hand. Natürlich gibt sich auch niemand selbst die Hand.

Am Ende des Abends fragt Herr Wiener jeden seiner Gäste und auch seine Frau, wieviele Hände sie geschüttelt haben. Zu seiner Überraschung sind alle Antworten verschieden.

Wievielen Gästen hat Frau Wiener die Hand gegeben?

56. Das geteilte Blatt

Ein DIN-A4-Blatt, dessen Seiten 297 und 210 Millimeter lang sind, wird entlang seiner beiden Diagonalen geknickt. Es entstehen dabei vier Dreiecke. In welchem Verhältnis stehen die Flächen des spitz- (A) und des stumpfwinkligen (B) Dreiecks?

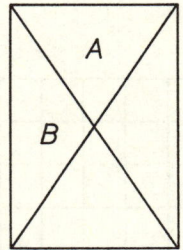

29

57. Tetrominos

Tetrominos sind flache Plättchen, die aus jeweils vier gleichen, an den Kanten zusammenhängenden Quadraten bestehen. Es gibt insgesamt fünf Tetrominos.

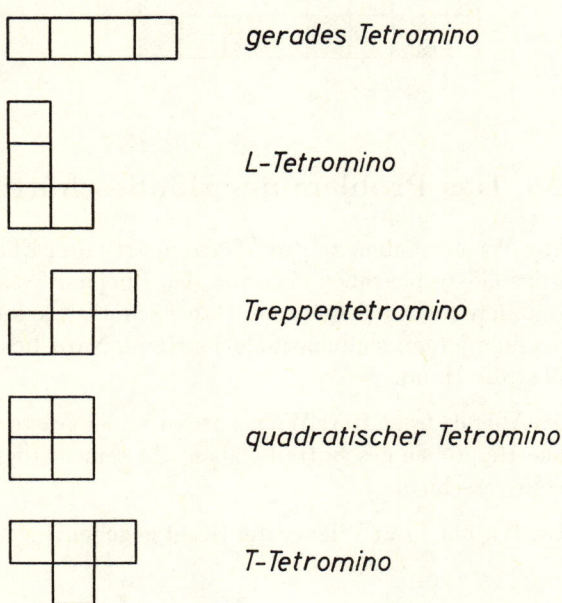

gerades Tetromino

L-Tetromino

Treppentetromino

quadratischer Tetromino

T-Tetromino

Kann man die fünf Tetrominos zu einem Rechteck zusammensetzen, das aus 5×4 Quadraten besteht? Wenn ja, wieviele verschiedene Lösungen gibt es? Die Tetrominos dürfen auch umgeklappt werden, das heißt es dürfen auch ihre Spiegelbilder benutzt werden.

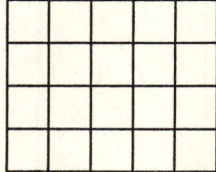

58. Die Händedrücke

Jeder Mensch, der jemals auf der Welt lebte, hat in seinem Leben eine bestimmte Zahl Händedrücke gewechselt. Die Anzahl der Menschen, die eine ungerade Zahl Hände gedrückt haben, ist gerade. Warum?

59. Das Färben von Landkarten

Auf Landkarten werden gewöhnlich verschiedene Länder unterschiedlich gefärbt. Dabei ist es normalerweise nicht nötig, für jedes Land eine andere Farbe zu nehmen, sondern es genügt, wenn benachbarte Länder, also Länder, die eine gemeinsame Grenzlinie haben, verschieden gefärbt sind. Ein solche Färbung wird in der Mathematik regulär genannt.

In dem berühmten Vier-Farben-Problem wurde vermutet, daß man jede beliebige Landkarte, egal wie kompliziert die Form ihrer Länder ist, mit höchstens vier Farben regulär färben kann. Über hundert Jahre wurde nach einem Beweis für diese Vermutung oder nach einem Gegenbeispiel gesucht, aber erst im Jahre 1977 gelang es den Mathematikern *W. Haken* und *K. Appel* mit einem riesigen Computeraufwand zu beweisen, daß wirklich vier Farben ausreichen.

 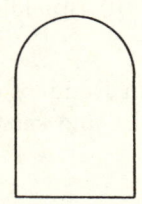 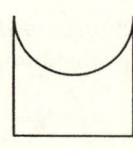

konvexes Land   *nicht konvexes Land*

Ein Land ist konvex, wenn es keine Einbuchtungen in seiner Grenze hat, oder mathematisch präziser formuliert, wenn für jedes Punktepaar in seinem Inneren die Verbindungsstrecke nur durch das Land selbst verläuft.

Kann man jede Landkarte, die nur aus konvexen Ländern besteht, mit höchstens drei Farben regulär färben?

60. Die vertauschten Uhrzeiger

Bei einer Uhr hat jemand heimlich Stunden- und Minutenzeiger gegeneinander vertauscht. Wenn man dies nicht weiß, müssen einem die meisten Zeigerstellungen unsinnig erscheinen. Doch in einigen Fällen ist es möglich, daß, wenn auch meistens die falsche Zeit angezeigt wird, die Stellung der beiden Zeiger auch bei einer Uhr mit unvertauschten Zeigern auftreten könnte. Wieviele dieser Zeigerstellungen gibt es?

61. Die Faktoren einer Primzahl

Gibt es drei verschiedene ganze Zahlen, deren Produkt eine Primzahl ist? Wenn ja, wie lauten sie?

62. Ein bruchlinienfreies Schachbrett

Ein 6×6-Schachbrett kann mit achtzehn Dominosteinen, die jeweils die Größe von zwei Schachfeldern haben, vollständig abgedeckt werden. Das Schachbrett hat in Inneren fünf senkrechte und fünf waagerechte Linien, die von einem Rand bis zum gegenüberliegenden verlaufen. Diese Linien nennt man in der Unterhaltungsmathematik Bruchlinien, wenn sie nicht von wenigstens einem Dominostein geschnitten werden. In dem Beispiel sind die Linien 4 und 10 Bruchlinien, während die anderen acht keine sind.

Kann man die achtzehn Dominosteine so auf das Schachbrett legen, daß es vollständig bedeckt ist und keine Bruchlinien hat?

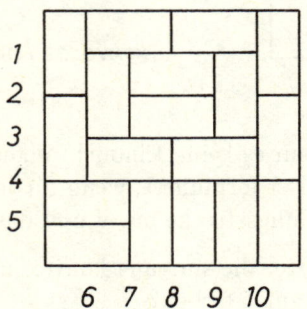

63. Fünf Punkte im Quadrat

In ein Quadrat mit der Seitenlänge a werden völlig willkürlich fünf Punkte eingezeichnet. Unabhängig davon, wie die fünf Punkte verteilt sind, gibt es immer wenigstens zwei, deren Abstand kleiner oder höchstens gleich $\frac{a}{2}\sqrt{2}$ ist. Können Sie dies beweisen?

64. Teilbarkeitswahrscheinlichkeit

Die zehn Ziffern 0, 1, 2, 3, 4, 5, 6, 7, 8 und 9 sollen in völlig zufälliger Reihenfolge in die zehn Lücken der untenstehenden Zahl gesetzt werden. Wie groß ist die Wahrscheinlichkeit, daß die Zahl danach durch 396 teilbar ist?

$$5\_383\_8\_2\_936\_5\_8\_203\_9\_3\_76$$

65. Die vierte Lüge

Auf einer Party erzählt Frau Müller, daß sie erst dreimal in ihrem Leben gelogen hat. Darauf erwidert Herr Meier: „Dann haben Sie jetzt zum vierten Mal gelogen."

Hat Herr Meier recht?

66. Primzahlen

P_1 und P_2 sollen zwei aufeinanderfolgende, ungerade Primzahlen sein. Unter welchen Umständen ist die Zahl Q, für die die Gleichung

$$P_1 + P_2 = 2Q$$

gilt, auch eine Primzahl?

67. Parallele Diagonalen

Die Diagonalen einer ebenen und konvexen Figur sind die längstmöglichen Sehnen, die man in sie einzeichnen kann. Jede solche Figur hat mindestens eine Diagonale, oft aber sind es auch mehrere. Ein Quadrat beispielsweise hat zwei Diagonalen; alle anderen Sehnen sind kürzer.

Warum können, wenn eine ebene, konvexe Figur mehrere Diagonalen hat, diese nicht parallel zueinander liegen?

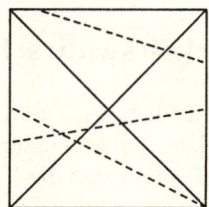

68. Die Winkel einer Pyramide

Eine Pyramide mit einer quadratischen Grundfläche und vier gleichseitigen Dreiecken als Seitenflächen hat acht gleichlange Kanten. Die Winkel zwischen der Grundfläche und den Seitenflächen betragen alle $\arctan \sqrt{2} \approx 54,7356°$. Wie groß sind die Winkel zwischen zwei benachbarten Seitenflächen der Pyramide?

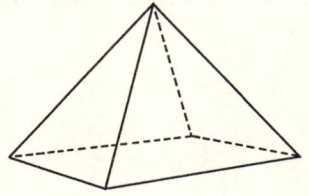

69. Das Osnabrückrätsel

Auf jedem Feld dieses seltsamen Schachbretts steht ein Buchstabe. Ein König, der auf jedem der neunzehn Felder mit einem „O" starten darf, soll mit neun Zügen die Buchstaben des Wortes „OSNABRUECK" in der richtigen Reihenfolge abfahren. Selbstverständlich sind nur die im Schachspiel für den König üblichen Züge erlaubt: jeweils ein Feld nach oben, unten, links, rechts oder diagonal.

Wieviele mögliche Wege gibt es insgesamt?

								O								
							O	S	O							
						O	S	N	S	O						
					O	S	N	A	N	S	O					
				O	S	N	A	B	A	N	S	O				
			O	S	N	A	B	R	B	A	N	S	O			
		O	S	N	A	B	R	U	R	B	A	N	S	O		
	O	S	N	A	B	R	U	E	U	R	B	A	N	S	O	
O	S	N	A	B	R	U	E	C	E	U	R	B	A	N	S	O
O	S	N	A	B	R	U	E	C	K	C	E	U	R	B	A	N	S	O

70. Hundert Ziffern

Zwei ganze Zahlen m und n sollen zusammen aus genau hundert Ziffern bestehen. Beide Zahlen dürfen keine führenden Nullen besitzen, das heißt eine Ziffernfolge wie zum Beispiel 0005111955 ist nicht zugelassen. Wenn, abgesehen von dieser Einschränkung, die hundert Ziffern völlig willkürlich gewählt sind, wie groß ist dann die Wahrscheinlichkeit, daß die beiden Zahlen die Eigenschaft $m^2 = n$ haben?

71. Das reguläre Oktaeder

Einer der fünf Platonischen Körper ist das reguläre Oktaeder. Es wird von acht gleichen, gleichseitigen Dreiecken begrenzt. Alle Seitenflächen schließen mit ihren Nachbarn den gleichen Winkel ein.

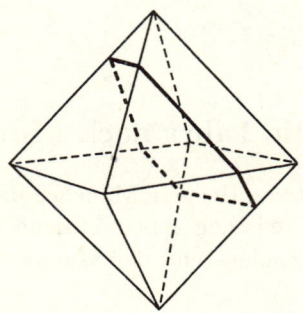

Ein reguläres Oktaeder mit einer Seitenlänge von zehn Zentimetern wird parallel und im Abstand von drei Zentimetern zu einer seiner Seitenflächen durchgeschnitten. Wie groß ist der Umfang der Schnittfläche?

72. Milchkaffee

Frau Meier bestellt sich in einem Cafe eine Tasse Kaffee und ein Kännchen Milch. Der Kaffee ist schwarz. Sie trinkt mit einem Schluck ein Sechstel des Kaffees und füllt die Tasse wieder mit Milch auf. Nachdem sie den Kaffee umgerührt hat, nimmt sie einen zweiten kräftigen Schluck und leert die Tasse zu einem Drittel. Wieder füllt sie die Tasse mit Milch auf und rührt um. Mit einem dritten Schluck leert sie die Tasse zur Hälfte. Abermals füllt sie die Tasse mit Milch nach, und trinkt sie dann in einem Zug aus.

Hat Frau Meier nun mehr Kaffee oder mehr Milch getrunken?

73. Polygone

Ein regelmäßiges Sechseck wird, ohne daß sich die Längen der Seiten ändern, soweit gestaucht, bis seine Höhe gleich seiner Seitenlänge ist. Das gestauchte Sechseck hat einen Flächeninhalt von zehn Quadratzentimetern. Welchen Flächeninhalt hat ein regelmäßiges Zwölfeck, das die gleiche Seitenlänge wie das Sechseck hat?

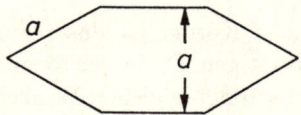

74. Die Fahrt nach München

Alfred möchte seine Freundin Berta in München besuchen. Er verläßt seine Wohnung in Osnabrück zwischen acht und neun Uhr morgens, gerade in dem Moment, wo der Stunden- und der Minutenzeiger seiner Uhr genau übereinander stehen.

Die Autobahnen sind frei, und er kommt schnell voran. Zwischen zwei und drei Uhr am Nachmittag klingelt er bei Berta an der Tür. Auf seiner Uhr stehen sich jetzt der Minuten- und der Stundenzeiger genau gegenüber.

Wie lange ist Alfred unterwegs gewesen?

75. Tetraeder und Oktaeder

Die vier Seitenflächen eines regulären Tetraeders und die acht Flächen eines regulären Oktaeders sind gleiche gleichseitige Dreiecke. In welchem Verhältnis stehen die Volumina der beiden Körper, wenn ihre Kantenlängen gleich sind?

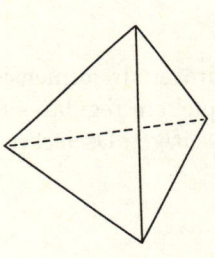 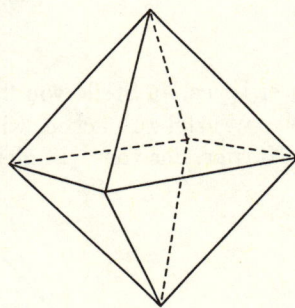

76. Teilbarkeit durch 7

Nehmen Sie eine beliebige zweistellige ganze Zahl und schreiben Sie sie dreimal hintereinander, um auf diese Art eine sechsstellige Zahl daraus zu machen. Beispielsweise wird so aus 32 die Zahl 323232. Alle so entstandenen Zahlen sind immer ohne Rest durch 7 teilbar. Warum?

77. Das Oktaeder im Würfel

Gegen Ende des achtzehnten Jahrhunderts bewies der holländische Mathematiker *Pieter Nieuwland*, daß das größte Quadrat, das man in einen hohlen Einheitswürfel packen kann, eine Kantenlänge von $\frac{3}{4}\sqrt{2} \approx 1,0606602$ hat. Das Quadrat muß dazu natürlich auf eine ganz bestimmte Art in die würfelförmige Kiste gestellt werden. Verblüffend dabei ist, daß dieses Quadrat größer ist, als die quadratischen Seitenflächen des Würfels.

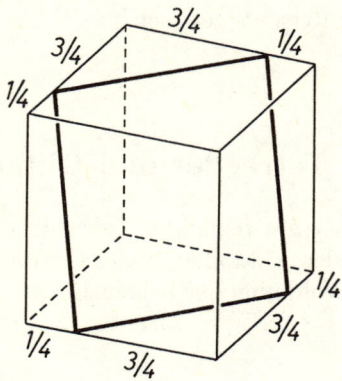

Interessanter ist es, an Stelle von flachen Quadraten dreidimensionale Polyeder in den Würfel zu packen, wie zum Beispiel ein reguläres Oktaeder, also einen Körper, der von acht gleichen gleichseitigen Dreiecken begrenzt wird.

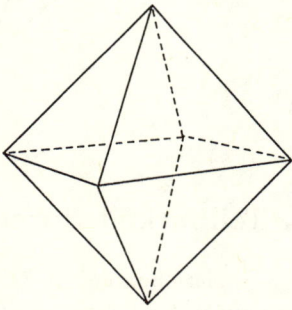

Ihre Aufgabe ist es herauszufinden, wie groß ein reguläres Oktaeder höchstens sein darf, damit man es noch vollständig in einen hohlen Einheitswürfel legen kann.

78. Die Länge einer Helix

Um einen zylinderförmigen Stab, der eine Länge von neun Zentimetern und einen Umfang von vier Zentimetern hat, sind genau zehn Windungen eines dünnen Drahtes schraubenlinienförmig gewickelt worden. Anfang und Ende des Drahts sind an den beiden Enden des Stabes befestigt. Wie lang ist der Draht?

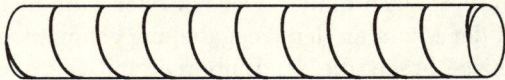

79. Puzzlespiele

Bei einem gewöhnlichen Puzzle müssen fünfhundert, tausend oder allgemein n Pappstückchen zu einem Bild zusammengesetzt werden. Dabei kann man verschiedene Strategien benutzen: Zum Beispiel kann man das Bild reihenweise aufbauen, oder man kann zuerst Blöcke bilden und diese nachher zusammensetzen, oder man kann auch zuerst den Rand aufbauen und sich dann von außen nach innen arbeiten.

Wir wollen als einen Zug das Zusammensetzen zweier Teile bezeichnen. Dabei müssen die Teile nicht unbedingt einzelne Pappstückchen sein, sondern es können auch ganze Blöcke aus mehreren Einzelelementen sein. Welche Strategie muß man beim Zusammenbau des Puzzles verfolgen, um möglichst wenige Züge zu benötigen? Wieviele Züge braucht man mindestens für ein n-teiliges Puzzle?

80. Die Frage des Forschers

Ein Forscher schlägt sich über einen Trampelpfad durch den Urwald. Plötzlich kommt er an eine Weggabelung, an der auf einem umgeknickten

Baumstamm ein Eingeborener sitzt. Der Forscher will ihn nach dem Weg zum nächsten Dorf fragen. Das geht nicht ohne Schwierigkeiten, denn, wie der Forscher weiß, leben in dieser Gegend des Dschungels zwei Stämme: Die Angehörigen des einen Stammes sagen immer die Wahrheit, und die des anderen Stammes lügen immer. Der Forscher kann nicht erkennen, zu welchem Stamm der Mann an der Weggabelung gehört, trotzdem stellt er ihm nur eine einzige Frage, die der Einborene mit ‚ja‘ oder ‚nein‘ beantwortet, und er findet durch die Antwort den richtigen Weg zum Dorf. Wie lautet die Frage?

81. Monominos und Triominos

Ein Monomino ist ein quadratisches Plättchen, das genau die Größe eines Schachbrettfeldes hat. Das gerade Triomino ist dreimal so groß wie das Monomino und entspricht drei nebeneinander liegenden Quadraten eines Schachbretts.

Läßt sich ein Schachbrett mit einundzwanzig geraden Triominos und einem Monomino vollständig bedecken? Wenn ja, welche Felder kann hierbei das Monomino einnehmen?

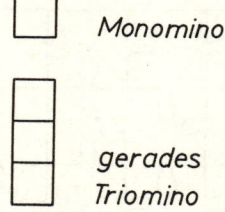

Monomino

gerades
Triomino

82. Der Davidstern

Beim Davidstern sind zwei gleichgroße gleichseitige Dreiecke so übereinander geschoben, daß in ihrem Inneren ein regelmäßiges Sechseck entsteht. Verbindet man die Spitzen des Davidsterns miteinander, bekommt man ein zweites regelmäßiges Sechseck. In welchem Verhältnis stehen die Flächeninhalte der beiden Sechsecke zueinander?

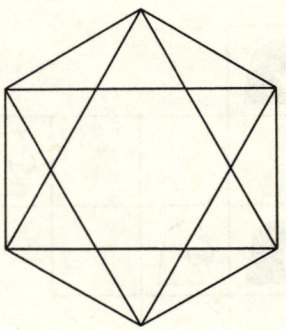

83. Die seltsame Vermehrung

Ein Tischler zersägt ein Schachbrett, das bekanntlich aus 64 gleichen quadratischen Feldern besteht, entlang der stark ausgezogenen Linien in vier Teile und leimt sie anschließend wieder zu einem rechteckigen Brett zusammen. Dabei stellt er fest, daß aus den 64 Feldern jetzt 65 geworden sind. Woher kommt das zusätzliche Quadrat?

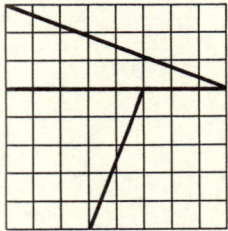 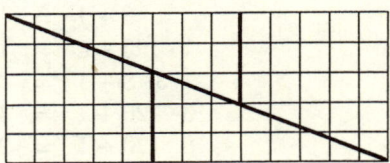

84. Der Springertausch

Auf einem recht seltsam geformten, zehnfeldrigen Schachbrett stehen zwei schwarze und zwei weiße Springer. Die schwarzen sollen mit den weißen Springern die Plätze tauschen und dieses Problem mit möglichst wenigen

Zügen bewältigen. Selbstverständlich dürfen nur die beim Schach üblichen Züge gemacht werden. Wieviele Züge sind mindestens notwendig?

85. Eine seltsame Zahlenmenge

Die vier Zahlen 1, 3, 8 und 120 bilden eine Menge mit einer bemerkenswerten Eigenschaft: Multipliziert man zwei beliebige dieser Zahlen miteinander und addiert zu dem Produkt 1, so erhält man immer eine Quadratzahl.

$$
\begin{aligned}
1 \cdot 3 + 1 &= 4 = 2^2 \\
1 \cdot 8 + 1 &= 9 = 3^2 \\
1 \cdot 120 + 1 &= 121 = 11^2 \\
3 \cdot 8 + 1 &= 25 = 5^2 \\
3 \cdot 120 + 1 &= 361 = 19^2 \\
8 \cdot 120 + 1 &= 961 = 31^2
\end{aligned}
$$

Können Sie noch eine fünfte ganze Zahl finden, die Sie der Menge hinzufügen dürfen, ohne daß sich ihre Eigenschaft ändert?

86. Der Würfel

Kann man einen Würfel, der eine Kantenlänge von sechs Zentimetern haben soll, aus siebenundzwanzig quaderförmigen Klötzchen mit den Abmessungen 1 cm × 2 cm × 4 cm zusammensetzen? Wenn ja, wie muß man die Klötzchen anordnen?

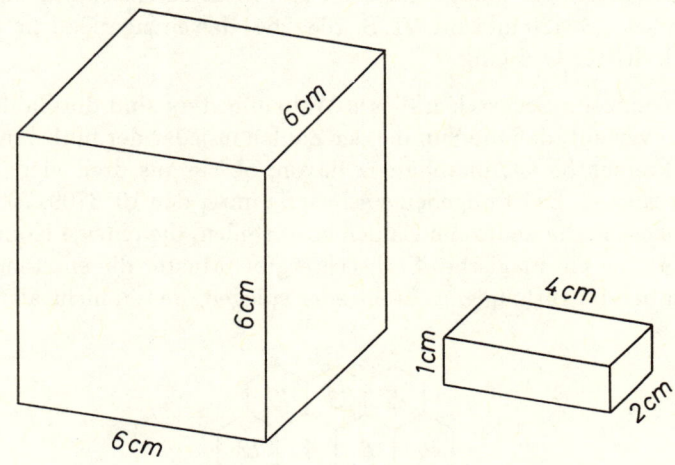

87. Konstante Münzumfänge

Auf ein Markstück ist ein Pfennig konzentrisch aufgeklebt. Die beiden Münzen werden zusammen auf dem Rand des Markstücks eine Umdrehung weit auf der Linie AA' abgerollt. Die Länge der Strecke AA' entspricht dem Umfang des Markstücks.

Gleichzeitig rollt der Pfennig, der mit dem Markstück starr verbunden ist, die Strecke BB' ab. Aus der Skizze sieht man, daß AA' und BB' gleich lang sind. Da die Strecke BB' gleich dem Umfang des Pfennigs sein muß, haben folglich Markstück und Pfennig den gleichen Umfang. Was stimmt hier nicht?

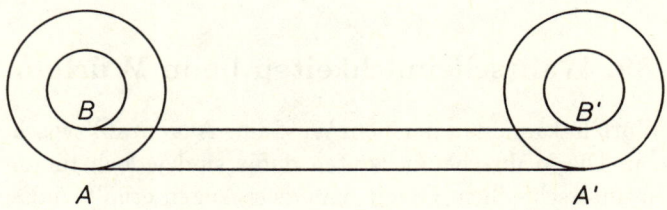

88. Das magische Sechseck

In den Jahren 1888 und 1889 veröffentlichte der Stralsunder *von Haselberg* in der *Zeitschrift für mathematischen und naturwissenschaftlichen Unterricht* (Bd. 19, S. 429 und Bd. 21, S. 263–264) das einzig mögliche magische Sechseck dritter Ordnung.

In den neunzehn Sechsecken dieses Wabenmusters sind die Zahlen von 1 bis 19 so verteilt, daß die Summe der Zahlen in jeder der fünfzehn geraden Sechseckreihen 38 ist, unabhängig davon, ob sie aus drei, vier oder fünf Zellen bestehen. Es ist ungeheuer schwierig unter den 101370917007736000 Möglichkeiten, die neunzehn Zahlen zu verteilen, die einzige Kombination zu finden, die ein magisches Sechseck ergibt. Muster die entstehen, wenn man ein bereits vorhandenes dreht oder spiegelt, gelten nicht als verschieden.

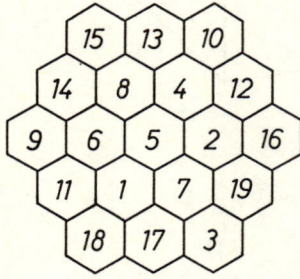

Ihre Aufgabe ist wesentlich einfacher: Versuchen Sie ein magisches Sechseck zweiter Ordnung zu konstruieren, daß heißt verteilen Sie die Zahlen von 1 bis 7 so auf die siebenzellige Wabe, daß in allen neun geraden Sechseckreihen die Summe der Zahlen gleich ist.

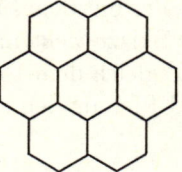

89. Wahrscheinlichkeiten beim Würfeln

Mit zwei Würfeln kann man in einem Wurf eine Augenzahl zwischen 2 und 12 erreichen. Die Wahrscheinlichkeiten dafür sind jedoch für die einzelnen Zahlen unterschiedlich. Damit man zwei Augen erhält, müssen beide

Würfel eine Eins zeigen, wenn man aber vier Augen erreichen will, gibt es drei Möglichkeiten: der erste Würfel zeigt ein Auge und der zweite drei Augen oder beide Würfel zeigen zwei Augen oder der erste Würfel zeigt drei Augen und der zweite ein Auge. Die Wahrscheinlichkeit mit zwei Würfeln eine Vier zu werfen ist also dreimal so groß wie die, eine Zwei zu werfen. In der Graphik sind die Wahrscheinlichkeiten für alle Augenzahlen von 2 bis 12 eingetragen. Man sieht daraus, daß die wahrscheinlichste Augenzahl bei einem Wurf mit zwei Würfeln 7 ist.

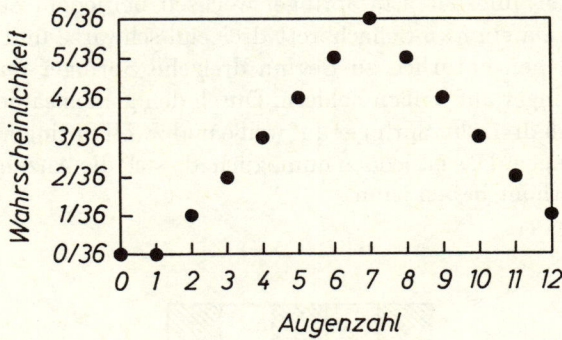

Kann man zwei Würfel auch anders als üblich beschriften, so daß die Summe ihre Augen trotzdem immer zwischen 2 und 12 liegt, und diese Zahlen mit den gleichen Wahrscheinlichkeiten geworfen werden, wie bei zwei gewöhnlichen Würfeln?

Erste Lösungen

1. Springerzüge

Die Aufgabe ist unlösbar. Ein Springer wechselt bei jedem Zug die Farbe seines Feldes. Da ein 5×5-Schachbrett dreizehn schwarze und zwölf weiße Felder hat, stehen natürlich zu Beginn dreizehn Springer auf schwarzen und zwölf Springer auf weißen Feldern. Durch den gemeinsamen Zug müßten nun folglich dreizehn Springer auf weiße und zwölf Springer auf schwarze Felder gelangen. Das ist jedoch unmöglich, da sich die Anzahl der weißen Felder nicht erhöht haben kann.

Quelle: Aufgabe: Martin Gardner, Scientific American 216, März 1967, S. 126. — Lösung: Martin Gardner, Scientific American 216, April 1967, S. 123.

2. Der runde See

Zeichnet man den Weg des Schwimmers und verbindet Start- und Zielpunkt miteinander, erhält man ein rechtwinkliges Dreieck. Das Ufer des Sees ist der Umkreis dieses Dreiecks. Nach dem Satz des *Thales* hat der Umkreis eines rechtwinkligen Dreiecks sein Zentrum immer auf der Mitte der Hypothenuse. Die Hypothenuse ist also der gesuchte Durchmesser des Sees. Sie hat eine Länge von $\sqrt{60^2 + 80^2} = 100$ Metern.

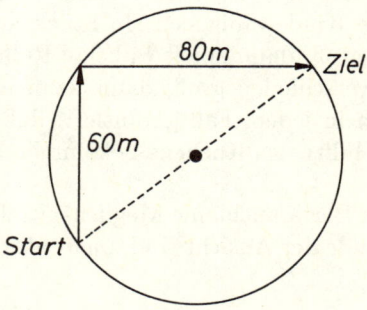

Quelle: Martin Gardner, Scientific American 208, April 1963, S. 156, 158, 163.

3. Sockenprobleme

Sie brauchen nur einmal in einen Korb zu greifen und zwar in den, der das Schild *„rote und grüne Socken"* trägt. Da jeder Korb den falschen Deckel bekommen hat, gibt es nur zwei mögliche Kombinationen für die Körbe und die Deckel. Anhand der Tabelle sieht man sofort, daß man nur eine Socke aus dem mit *„rote und grüne Socken"* beschrifteten Korb nehmen muß, um zwischen den beiden Möglichkeiten entscheiden zu können.

Beschriftung der Körbe:	rote Socken	grüne Socken	rote und grüne Socken
Inhalt 1. Möglichkeit:	grüne Socken	rote und grüne Socken	rote Socken
Inhalt 2. Möglichkeit:	rote und grüne Socken	rote Socken	grüne Socken

In einem vierten Korb werden sechzehn weiße und siebzehn schwarze Socken aufbewahrt. Wie oft muß man mindestens in den Korb greifen, um ganz sicher zu sein, wenigstens ein Paar gleichfarbiger Socken zu haben? Auch in diesem Fall darf man nicht in den Korb hineinsehen. Man erkennt also erst dann die Farbe einer Socke, wenn man sie herausgenommen hat.

4. Die Teilung des Kuchens

Das Verfahren ist einfach, aber elegant und sehr wirksam: Eines der beiden Kinder teilt den Kuchen in zwei Stücke, die nach seiner Ansicht gleich groß sind. Das andere Kind wählt sich ein Stück aus. Entweder hält es beide Teile für gleich groß, dann spielt es keine Rolle, welches es nimmt, oder es hält sie für verschieden groß, dann kann es das größere Stück nehmen. Es ist jedoch in jedem Fall garantiert, daß beide Kinder sicher sind, mindestens die Hälfte des Kuchens bekommen zu haben.

Gibt es für Alfred und Berta auch eine Möglichkeit, Tante Gertruds Torte so zu teilen, daß sie beide der Ansicht sind, mehr als die Hälfte bekommen zu haben?

5. Die Schnecke und die Fahnenstange

Sollten Sie herausbekommen haben, die Schnecke erreicht die Spitze der Fahnenstange nach zehn Tagen, haben Sie sich hereinlegen lassen. Sie haben dann wahrscheinlich folgende die Überlegung angestellt: Wenn die Schnecke am Tage $a = 5,25$ Meter hinaufkriecht und in der Nacht $b = 3,50$ Meter herabrutscht, so hat sie an einem Tag und in einer Nacht zusammen $a - b = 1,75$ Meter an Höhe gewonnen. Um die Gesamtzeit T zu erhalten, teilt man die Länge der Stange durch $a - b$. Dies ergibt zehn Tage und Nächte. Aber die Rechnung ist falsch. Man sieht es leicht an einem Weg-Zeit-Diagramm.

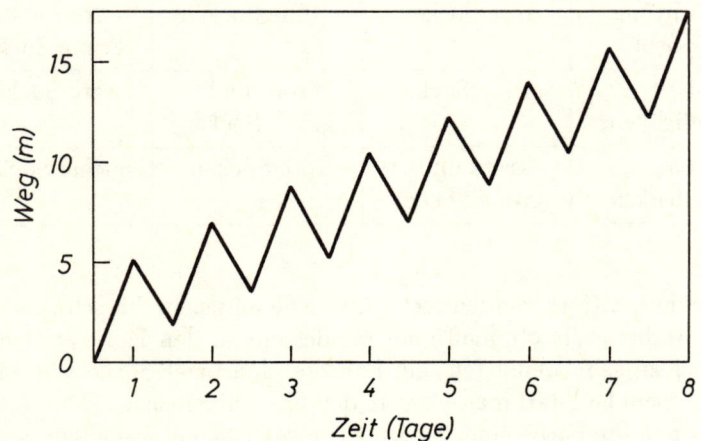

Die Schnecke erreicht die Spitze der Fahnenstange bereits nach acht Tagen und sieben Nächten. Diese Zeit kann man auch rechnerisch ermitteln. Zuerst zieht man das Stück a, das die Schnecke am ersten Tag hinaufkriecht, von der Länge l der Fahnenstange ab. Den Rest teilt man durch $-b + a = a - b$, also durch das Stück, das die Schnecke in einer Nacht herunterrutscht und das Stück, das sie am darauffolgenden Tag hinaufkriecht.

$$T - 1 = \frac{l - a}{a - b}$$
$$T = 8$$

Quelle: Christoff Rudolf, Nürnberg 1561.

6. Die Ecken des Quadrats

Das Quadrat kann durch eine Gerade so in zwei Rechtecke zerlegt werden, daß die Schnittlinien ihre Diagonalen sind. Da eine Diagonale ein Rechteck halbiert, haben die beiden abgeschnittenen Ecken den halben Flächeninhalt des Quadrats, also $50\,\mathrm{cm}^2$.

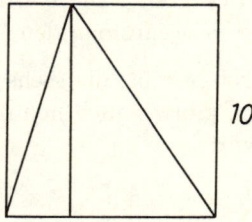

Quelle: Kein Autor genannt, Mathematics Teacher 79, September 1986, S. 442, 444.

7. Ein Problem für Biertrinker

Der Satz der Aufgabe *„Ein halbvolles Glas Bier ist das gleiche wie ein halbleeres Glas Bier"* und die Gleichung *„$\frac{1}{2}$ volles Glas Bier = $\frac{1}{2}$ leeres Glas Bier"* bedeuten etwas völlig verschiedenes. Ein halbvolles und ein halbleeres Glas Bier sind zwei Biergläser, die bis zur Hälfte mit Bier gefüllt sind. Beide sind also wirklich gleich. Auf der anderen Seite stellt $\frac{1}{2}$ volles Glas Bier ein bis zum Rand gefülltes Glas Bier dar, das man halbiert hat. Man hat also den halben Inhalt, das halbe Glas, den halben Henkel und den halben Fuß. Dementsprechend ist ein $\frac{1}{2}$ leeres Glas Bier ein halbiertes leeres Bierglas. Die Gleichung „$\frac{1}{2}$ *volles Glas Bier* = $\frac{1}{2}$ *leeres Glas Bier* "ist folglich falsch, deshalb kommt auch bei der Erweiterung mit 2 nur Unsinn heraus.

Quelle: Th. Wolff, Der Wettlauf mit der Schildkröte, Berlin 1929, S. 159, 167.

8. Die Kalenderwürfel

In der Zahlenreihe von 01 bis 31, die man mit den beiden Kalenderwürfeln bilden können muß, tauchen auch die 11 und die 22 auf. Deshalb müssen die 1 und die 2 auf beiden Würfeln stehen. Auch die 0 muß es auf beiden Würfeln geben, da sie mit sämtlichen anderen neun Ziffern, die sich über beide Würfel verteilen, kombiniert wird. Von den zwölf Flächen der beiden Würfel sind also schon sechs vergeben.

Auf den restlichen sechs Flächen müssen noch die übrigen sieben Ziffern von 3 bis 9 untergebracht werden. Das Problem läßt sich nur lösen, wenn man zu einem kleinen Trick greift: Die 6 wird doppelt verwandt. Zum einen als 6 und zum anderen, wenn man den Würfel umdreht, als 9.

Da es neunzehn Möglichkeiten gibt, die sechs Ziffern von 3 bis 8 in zwei Dreiergruppen aufzuteilen, gibt es auch neunzehn verschiedene Beschriftungen für die Kalenderwürfel.

Ein Beispiel: 1. Würfel: 0, 1, 2, 3, 4, 5
               2. Würfel: 0, 1, 2, 6, 7, 8

Quelle: Aufgabe: Martin Gardner, Scientific American 220, April 1969, S. 125. — Lösung: Martin Gardner, Scientific American 220, Mai 1969, S. 122.

9. Dreieckslinien

Das Dreieck läßt sich zu einem Parallelogramm ergänzen, indem man ein gleiches Dreieck an die Grundseite anschließt. Alle zwanzig Linien sind jetzt zehn Zentimeter lang. Die Gesamtlänge der Linien im Parallogramm ist folglich 20 × 10 cm = 200 cm. Davon entfällt die Hälfte , also 100 cm, auf ein Dreieck.

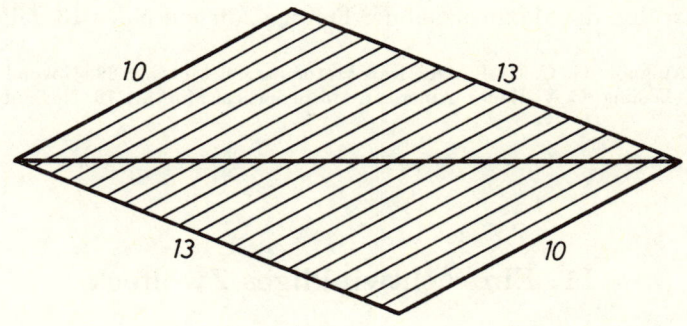

Quelle: Franz von Krbek, Geometrische Plaudereien, Leipzig 1962, S. 19.

10. Freitag, der 13.

Monate, die mit dem gleichen Wochentag beginnen, haben auch am 13. den gleichen Wochentag. In Gemeinjahren beginnen folgende Monate jeweils mit gleichen Wochentagen:

1. Januar und Oktober
2. Februar, März und November
3. April und Juli
4. Mai
5. Juni
6. August
7. September und Dezember

In Schaltjahren sieht es etwas anders aus:

1. Januar, April und Juli
2. Februar und August
3. März und November
4. Mai
5. Juni
6. September und Dezember
7. Oktober

Man kann dies leicht nachrechnen oder mit einem Kalender überprüfen.

Da es sowohl in Gemein- als auch in Schaltjahren sieben verschiedene Monatsanfänge gibt, hat jedes Jahr mindestens einen Freitag, den 13. Höchstens drei Monate im Jahr beginnen mit dem gleichen Wochentag, darum ist drei die Maximalzahl der Freitage, die auf einen 13. fallen.

Quelle: Aufgabe: G. C. Bush, American Mathematical Monthly 69, November 1962, S. 919. — Lösung: C. V. Heuer, American Mathematical Monthly 70, November 1963, S. 759.

11. Ein rechtwinkliges Zwölfeck

Ist Ihnen ein Beweis geglückt? Dann haben Sie vermutlich angenommen, daß das Zwölfeck konvex sein muß. Dies wurde jedoch keineswegs vorausgesetzt, und darum ist die Behauptung in der Aufgabe falsch. Die Abbildung zeigt ein gleichseitiges Zwölfeck, bei dem die benachbarten Seiten rechtwinklig aufeinander treffen.

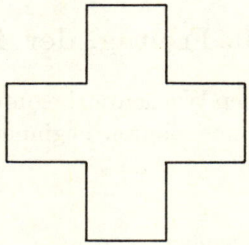

Quelle: E. Fourrey, Curiosités Géométriques, Paris 1907, S. 426.

12. Der Bücherwurm

Wenn die Bücher ordnungsgemäß ins Regal gestellt wurden, also der zweite Band rechts vom ersten Band steht, dann liegen der vordere Buchdeckel des ersten Bandes und der hintere Deckel des zweiten Bandes direkt aneinander. Der Bücherwurm braucht sich also nur durch einen Deckel zu nagen, wofür er drei Tage benötigt, um auf den hinteren Deckel des zweiten Bandes zu stoßen.

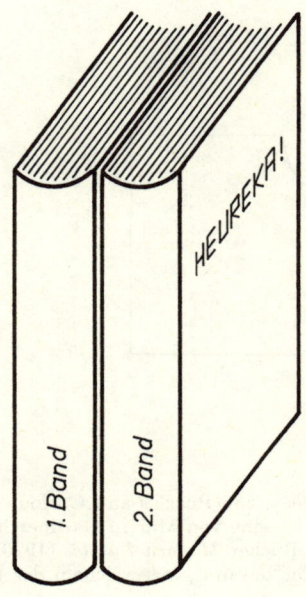

Quelle: Henry Ernest Dudeney, Amusements in Mathematics, London 1917, S. 143–144, 248–249.

13. Das Fünfmarkstück

Der Umfang des Lochs in dem Blatt Papier muß mindestens doppelt so groß sein wie der Durchmesser des Fünfmarkstücks. Das heißt es reicht aus, wenn das Loch einen Durchmesser von nur etwas mehr als

$$d = \frac{2}{\pi} \cdot 29 \,\text{mm} \approx 18,5 \,\text{mm}$$

hat. Der Trick, die Münze durch diese Öffnung zu bringen, besteht darin, daß man das Blatt Papier vorher falten muß. Zunächst wird der Bogen entlang eines Lochdurchmessers doppeltgelegt. Dann wird das Papier strahlenförmig vom Lochmittelpunkt weg gefältelt, so daß der Kreisumfang in viele Bogenstücke zerlegt wird, die sich entlang einer Geraden anordnen.

Im Grenzfall, bei unendlich vielen Fältelungen, ist der Halbkreis zur Geraden geworden. Diesen Grenzfall wird man jedoch nie ereichen. Außerdem muß man auch berücksichtigen, daß die Münze und das Papier endliche Dicken haben.

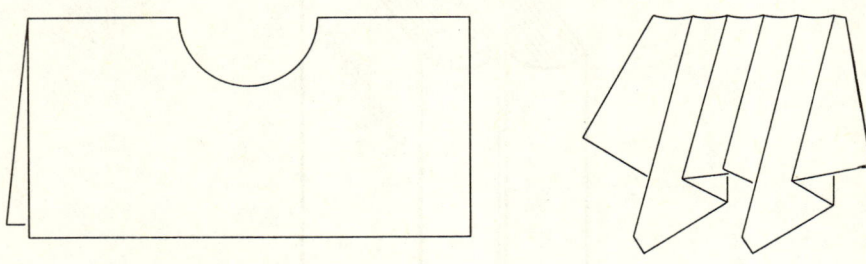

Quelle: Henry Ernest Dudeney, 536 Puzzles and Curious Problems, New York 1967, S. 217, 413. — Dieses Buch ist eine von Martin Gardner herausgegebene Zusammenfassung der beiden Dudeney-Bücher *Modern Puzzles* (1926) und *Puzzles and Curious Problems* (1931). Mir ist nicht bekannt, aus welchem der beiden Originalbände diese Aufgabe stammt.

14. Zwei Freundinnen

Es ist kein Zufall, daß der junge Mann neunmal häufiger die Blondine als die Schwarzhaarige besucht, sondern eine Folge des Fahrplans. Die Züge in den Süden fahren immer um 0, 10, 20, 30, 40 und 50 Minuten nach jeder vollen Stunde, während die nach Norden um jeweils 9, 19, 29, 39, 49 umd 59 Minuten nach jeder vollen Stunden abgehen. Das bedeutet, trifft er in dem Zeitraum von 0 und 9 Minuten nach der Abfahrt eines Zuges nach Süden in der U-Bahnstation ein, wird er einen Zug in den nördlichen Vorort erwischen, gelangt er aber in der Zeit von 9 bis 10 Minuten danach an, bekommt er einen Zug nach Süden. Der erste Zeitraum ist neunmal so lang wie der zweite, deshalb ist die Wahrscheinlichkeit auch neunmal so groß nach Norden zu fahren als nach Süden.

Quelle: Aufgabe: Martin Gardner, Scientific American 196, Februar 1957, S. 154. — Lösung: Martin Gardner, Scientific American 196, März 1957, S. 166.

15. Unendlich viele Wurzeln

Da die zwei Ausdrücke links und rechts vom Gleichheitszeichen den selben Wert haben müssen, kann man sie beide durch y ersetzen.

$$y = \sqrt{x + \sqrt{x + \sqrt{x + \ldots}}} = \sqrt{x\sqrt{x\sqrt{x \ldots}}}$$
$$y = y$$

Die Wurzeln sind unendlich tief geschachtelt, darum hat jede innere Wurzel auch dieselbe Größe wie die gesamte Wurzel. Es macht nichts, ob man zu unendlich noch etwas dazu zählt oder davon wegnimmt, es bleibt unendlich.

Wir können folglich, ohne die Gleichung zu verändern, noch auf beiden Seiten eine zusätzliche äußere Wurzel nach dem gleichen Muster ziehen.

$$y = \sqrt{x + y} = \sqrt{xy}$$

Daraus ergeben sich die beiden Gleichungen

$$y^2 = x + y$$

$$y^2 = xy.$$

Aus der zweiten Gleichung erhält man $y = x$, und wenn man dies in die erste einsetzt, ergibt sich

$$x^2 = 2x.$$

Diese Gleichung hat zwei verschiedene Lösungen: $x = 2$ und $x = 0$.

Quelle: James F. Hurley, Litton's Problematical Recreations, New York 1971, S. 157, 315.

16. Das magische Multiplikationsquadrat

Jede positive Zahl kann durch einen Ausdruck, der aus einem Exponenten und einer beliebigen Basis, die nur größer als 0 sein muß und auch nicht gleich 1 sein darf, beschrieben werden. Hat das magische Multiplikationsquadrat die allgemeine Form

A	B	C
D	E	F
G	H	I

und wählt man als Basis beispielsweise die 2, läßt es sich auf folgende Art darstellen:

2^a	2^b	2^c
2^d	2^e	2^f
2^g	2^h	2^i

Die Zahl a ist der Logarithmus von A zur Basis 2. Das Produkt der Elemente der ersten Zeile, $2^a \cdot 2^b \cdot 2^c$, ist nach den Logarithmengesetzen gleich 2^{a+b+c}. Die Multiplikation der Gesamtausdrücke wird also zur Addition ihrer Exponenten.

Um ein magisches Multiplikationsquadrat zu finden, brauchen wir nur die Zahlen eines Additionsquadrats als Exponenten zu nehmen. Ein magisches Additionsquadrat ist als Beispiel in der Aufgabe angegeben. Mit der 2 als Basis wird daraus:

2^2	2^7	2^6
2^9	2^5	2^1
2^4	2^3	2^8

=

4	128	64
512	32	2
16	8	256

Das Produkt der einzelnen Zeilen, Spalten und Diagonalen dieses Quadrats beträgt 32768. Die 2 ist die kleinste ganzzahlige Basis, die für diese Rechnung in Frage kommt, aber das magische Additionsquadrat, das wir als Ausgangspunkt benutzt haben, liefert noch nicht die minimalen Exponenten. Alle neun Zahlen kann man noch um 1 verringern. Das Additionsquadrat enthält nun zwar die 0, was jedoch im Multiplikationsquadrat unerheblich ist, da $2^0 = 1$ ist, also eine positive Zahl ergibt. Das daraus entstehende Quadrat hat als Reihenprodukt den Wert 4096.

2	64	32
256	16	1
8	4	128

Trotzdem ist auch dies noch nicht das Minimum: Das kleinstmögliche Reihenprodukt beträgt 216 und gehört zu folgenden Quadrat:

2	9	12
36	6	1
3	4	18

Quelle: Aufgabe und 216er-Lösung: Henry Ernest Dudeney, Tit-Bits, 1897. — 32768er-Lösung: Hermann Schubert, Mathematische Mußestunden, Leipzig 1898, §19.

17. Quadrate, Kuben und fünfte Potenzen

Eine ganze Zahl z ist eine Quadratzahl, wenn sie sich als ganzzahlige Basis b mit einem Exponenten schreiben läßt, der durch 2 teilbar ist.

$$z = b^{2n} = b^n \cdot b^n$$

Analog gilt für Kubikzahlen und für fünfte Potenzen, daß sich der Exponent durch 3 und durch 5 teilen lassen muß. Der kleinste Exponent, der gleichzeitig durch 2, 3 und 5 teilbar ist, ist 30. Wählen wir jetzt noch die kleinstmögliche ganzzahlige Basis, nämlich 2, erhalten wir als Lösung $2^{30} = 1073741824$.

Quelle: Aaron J. Friedland, Puzzles in Math and Logic, New York 1970, S. 4, 40.

18. Der Handelsreisende

In der Karte sind die Städte auf fünf Spalten verteilt, die ich abwechselnd mit A und B bezeichnet habe. Die Städte in den A-Spalten sind dabei nur mit Städten in B-Spalten verbunden und umgekehrt. Der Handelsreisende muß also immer abwechselnd eine Stadt in einer A-Spalte und eine in einer

B-Spalte aufsuchen. Da es aber nun zwölf Städte in den *A*-Spalten und zehn Städte in *B*-Spalten gibt, lassen sich nicht alle in einer alternierenden Reihe unterbringen. Es ist folglich unmöglich, daß der Handelsreisende alle Städte nur einmal besucht.

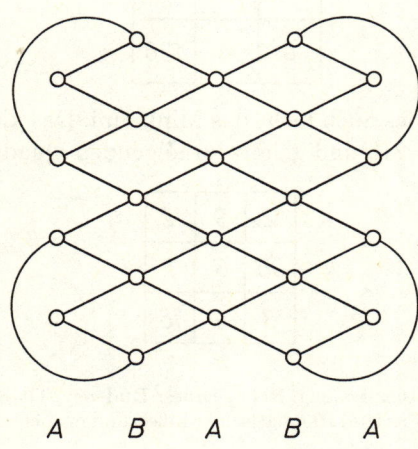

A   B   A   B   A

Quelle: J. F. Hurley: Litton's Problematical Recreations, New York 1971, S. 32, 291.

19. Rationale und irrationale Zahlen

Es ist möglich, daß beim Potenzieren einer irrationalen Zahl mit einer weiteren irrationalen Zahl das Ergebnis eine rationale Zahl wird. Mit der irrationalen Zahl $\sqrt{2}$ können wir den Ausdruck

$$a = \sqrt{2}^{\sqrt{2}}$$

bilden. Entweder ist *a* nun eine rationale Zahl – dann sind wir mit unserem Beweis schon fertig –, oder es ist eine irrationale Zahl. Im zweiten Fall bilden wir einen neuen Ausdruck, indem wir das irrationale *a* mit der irrationalen $\sqrt{2}$ potenzieren:

$$a^{\sqrt{2}} = \left(\sqrt{2}^{\sqrt{2}}\right)^{\sqrt{2}} = \sqrt{2}^{\sqrt{2}\cdot\sqrt{2}} = \sqrt{2}^{2} = 2$$

Der Ausdruck $a^{\sqrt{2}}$ ist also eine rationale Zahl.

Quelle: J. F. Hurley, Litton's Problematical Recreations, New York 1971, S. 31, 291.

20. Der Billardtisch

Am einfachsten kann man das Billardproblem lösen, wenn man sich den Tisch dreimal hintereinander zeichnet. Der vordere Tisch ist das Original, der mittlere ist das an der gemeinsamen Kante gespiegelte Bild des Originals und der hintere ist wiederum das Spiegelbild des mittleren Tisches und deshalb gleich dem Original.

Im Spiegelbild läuft vom Originalbild aus ein an der spiegelnden Kante reflektierter Strahl geradeaus weiter, deshalb kann man den Startpunkt auf dem vorderen Tisch durch eine Gerade mit dem Zielpunkt auf dem hinteren Tisch verbinden. Dieses Verhalten entspricht genau dem Reflexionsgesetz, daß der Einfallswinkel gleich dem Ausfallswinkel ist.

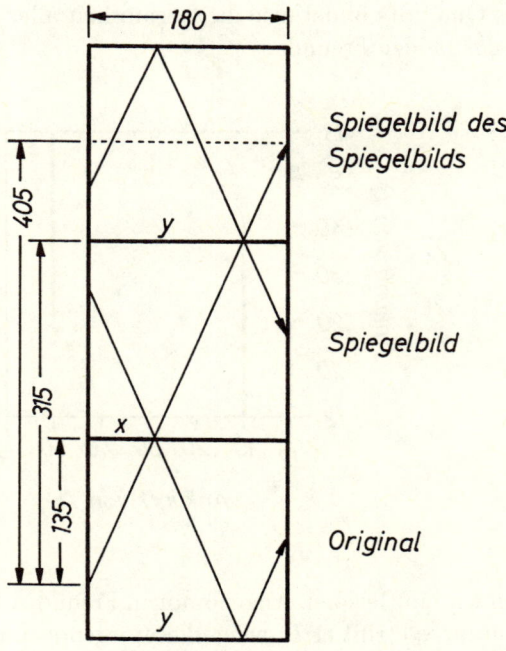

Nun kann man mit dem Strahlensatz die Koordinaten der Reflexionspunkte an den Banden berechnen.

$$\frac{x}{135} = \frac{180}{405} \qquad x = \frac{180 \cdot 135}{405} = 60$$

$$\frac{y}{315} = \frac{180}{405} \qquad y = \frac{180 \cdot 315}{405} = 140$$

Die Kugel trifft also sechzig Zentimeter vom linken Rand an die hintere Bande und hundertvierzig Zentimeter davon auf die vordere Bande.

Quelle: Angela Fox Dunn, Second Book of Mathematical Bafflers, New York 1983, S. 50, 179.

21. Der Treffpunkt

In der Graphik sind auf der Abzisse die möglichen Ankunftszeiten des Freundes A und auf der Ordinate die des Freundes B aufgetragen. Die Fläche des Quadrats bildet also die Gesamtheit aller möglichen Ankunftszeitpaare der beiden Freunde.

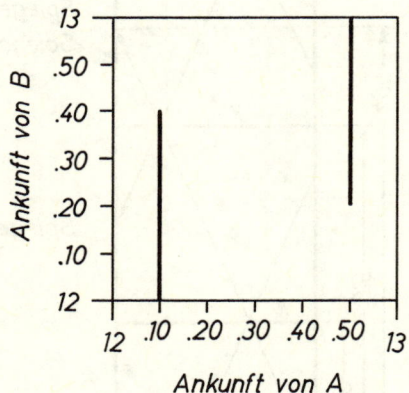

Betrachten wir ein Beispiel: Angenommen, Freund A betritt um 12.10 Uhr das Restaurant, so trifft er B, wenn dieser irgendwann zwischen 12.00 Uhr und 12.40 Uhr ankommt. Diese Tatsache macht die Linie deutlich, die bei 12.10 Uhr auf der x-Achse steht und eine senkrechte Ausdehnung von 12.00 Uhr bis 12.40 Uhr hat.

Als zweites Beispiel nehmen wir an, daß A erst um 12.50 Uhr zum Essen geht. Er kann dann seinen Freund treffen, wenn dieser in der Zeit von 12.20 Uhr bis 13.00 Uhr im Restaurant ankommt. Dies beschreibt die zweite senkrechte Linie in dem Diagramm.

Zeichnen wir jetzt für jede mögliche Uhrzeit zwischen 12 Uhr und 13 Uhr die Treffpunktslinien, erhalten wir das zweite Diagramm. Der schraffierte

Balken bedeckt offensichtlich drei Viertel des Quadrats und enthält somit auch drei Viertel aller möglichen Ankunftszeitpaare. Die Wahrscheinlichkeit, daß sich die beiden Freunde A und B treffen, beträgt also 75%.

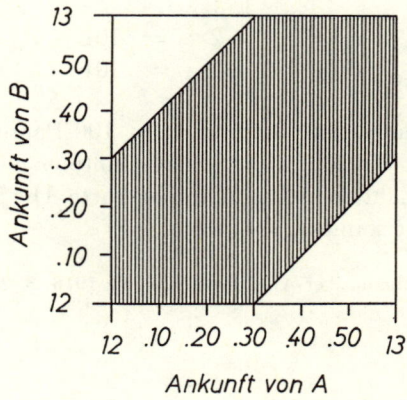

Quelle: L. Harwood Clarke, Fun with Figures, London 1954, S. 36, 77–78.

22. Das Zersägen eines Schachbretts

Mit einem einzigen Schnitt kann man, wenn alle bisherigen Bruchstücke des Schachbretts übereinandergelegt werden, jedes Teil in zwei neue zersägen. Die Anzahl der Teile verdoppelt sich also bei jedem Sägevorgang. Da $2^6 = 64$ ist, zerfällt das Brett frühestens nach dem sechsten Schnitt in seine vierundsechzig Einzelfelder.

Die gleiche Aufgabe soll jetzt gelöst werden, ohne daß der Tischer die einzelnen Bruchstücke übereinanderlegen und gemeinsam durchsägen darf. Es soll also immer nur ein einzelnes Teil zersägt werden. Wieviele Schnitte braucht der Tischler wenigstens?

23. Der Schnellrechner

Karl Friedrich Gauß erkannte schnell, wie er sich mit einem kleinen Kunstgriff die Arbeit wesentlich erleichtern konnte. Er schrieb die Zahlen von 1 bis 100 zweimal in Spalten nebeneinander, einmal in auf- und einmal in absteigender Reihenfolge. Danach addierte er sie paarweise.

$$1 + 100 = 101$$
$$2 + 99 = 101$$
$$3 + 98 = 101$$
$$4 + 97 = 101$$
$$\vdots \qquad \vdots \qquad \vdots$$
$$99 + 2 = 101$$
$$100 + 1 = 101$$

Die Summe jedes Paares ist 101, und da er 100 Paare hatte, ergibt das zusammen $100 \cdot 101 = 10100$. Zum Schluß mußte er noch einmal durch 2 teilen, da er ja jede Zahl doppelt genommen hatte. Die Summe der Zahlen von 1 bis 100 beträgt somit 5050.

Quelle: W. Ahrens, Mathematiker-Anekdoten, Leipzig 1916, S. 2–6.

24. Die Weinflasche

Diese Aufgabe gehört zu den verblüffend einfachen Problemen, bei denen sich viele Menschen trotzdem schwer tun, die richtige Lösung zu finden.

Der Wert der Weines W ist natürlich nicht zehn Mark, wie viele leicht voreilig schließen, sondern zehn Mark und fünfzig Pfennige. Das Flaschenpfand F beträgt fünfzig Pfennige. Rechnen wir einmal nach:

$$W + F = 11\,\text{DM}$$
$$W - F = 10\,\text{DM}$$

Wenn man diese beiden Gleichungen subtrahiert und anschließend durch 2 teilt, erhält man $F = 0,5\,\text{DM}$.

Quelle: Th. Wolff, Der Wettlauf mit der Schildkröte, Berlin 1929, S. 161, 171–172.

25. Die fehlerhafte Ungleichung

Wenn man auf beiden Seiten einer Ungleichung das Vorzeichen ändert, muß man auch die Richtung des Ungleichheitszeichens umdrehen: aus dem „kleiner als" wird ein „größer als" und umgekehrt. Dies haben wir gleich im ersten Schritt nicht beachtet, denn wenn man den Logarithmus einer Zahl zu einer Basis nimmt, die kleiner ist als 1, so ist das Vorzeichen des Ergebnisses anders als das der ursprünglichen Zahl. Richtig hätte die Herleitung lauten müssen:

$$\left(\frac{1}{2}\right)^3 < \left(\frac{1}{2}\right)^2$$

$$\log_{1/2}\left(\frac{1}{2}\right)^3 > \log_{1/2}\left(\frac{1}{2}\right)^2$$

$$3\log_{1/2}\left(\frac{1}{2}\right) > 2\log_{1/2}\left(\frac{1}{2}\right)$$

$$3 > 2$$

Und das ist offensichtlich richtig!

Quelle: Kein Autor genannt, Pi Mu Epsilon Journal 1, November 1950, S. 111.

26. Bestimmungsgrößen von Dreiecken

Es gibt tatsächlich Dreiecke, die in fünf Bestimmungsgrößen übereinstimmen und doch weder kongruent noch spiegelbildlich sind.

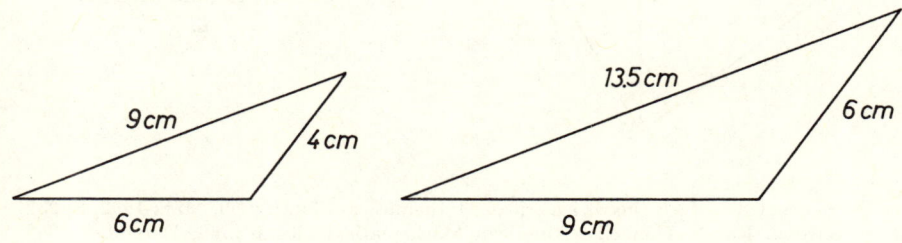

Betrachten Sie das erste Dreieck. Seine drei Seiten sind vier, sechs und neun Zentimeter lang. Das zweite Dreieck hat die gleiche Form wie das erste Dreieck: die drei Winkel sind bei beiden gleich. Ein Mathematiker würde sagen, die beiden Figuren sind ähnlich. Alle Seiten sind beim zweiten Dreieck eineinhalbmal so lang wie beim ersten, trotzdem tauchen bei beiden zwei gleiche Seitenlängen auf: Es gibt jeweils eine sechs und eine neun Zentimeter lange Seite. Die beiden Dreiecke haben also fünf gleiche Bestimmungsgrößen und sind trotzdem weder kongruent noch spiegelbildlich.

Übrigens widerspricht die Sache mit den fünf Bestimmungsgrößen aus dieser Aufgabe keineswegs den Sätzen über die Kongruenz von Dreiecken. Die drei Winkel und die beiden Seiten sind nur nicht vollständig angegeben: Man muß auch ihre gegenseitige Lage festlegen.

Quelle: Ulrich Graf, Kabarett der Mathematik, Dresden 1942, S. 57–58.

27. Das geplättete Polyeder

Das geplättete Polyederskelett stellt ein Tetraeder dar, bei dem eine der vier Kanten eingekerbt ist. Über die Seitenlängen und Winkel des Körpers kann man natürlich keine Aussage machen. Der Deutlichkeit halber habe ich in den Skizzen die Kanten numeriert.

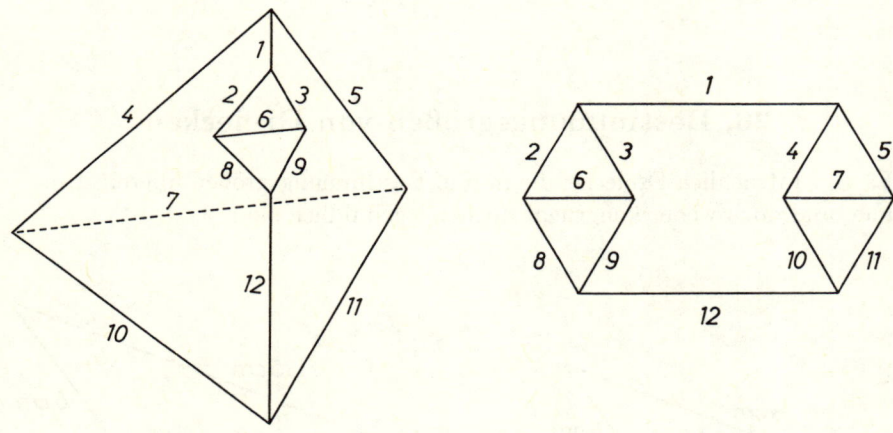

Quelle: Aufgabe: L. R. Ford, American Mathematical Monthly 69, März 1962, S. 232. — Lösung: Robert Connelly, American Mathematical Monthly 69, Dezember 1962, S. 1009.

28. Die vier Schnecken

Zu jedem Zeitpunkt bilden die vier Schnecken die Eckpunkte eines Quadrats, das ständig schrumpft und gleichzeitig um seinen Mittelpunkt rotiert. Der Weg jeder Schnecke steht daher immer senkrecht auf dem Weg der Schnecke, auf die sie zukriecht. Das bedeutet, daß bei Annäherung von A an B keine Komponente in B's Bewegung auftritt, die B auf A zu oder von *A* weg führt. Folglich vermindert sich der Abstand von *A* zu *B* genau um den von *A* zurückgelegten Weg, und *A* wird mit *B* zum gleichen Zeitpunkt zusammentreffen, als wenn *B* sich gar nicht bewegt hätte. Die Länge jedes Weges ist also gleich der Seitenlänge des Quadrats: ein Meter.

Quelle: Leo Moser, Mathematics Magazine 24, Januar–Februar 1951, S. 173, 174.

29. Lügner

Es gibt vier mögliche Kombinationen von Lüge und Wahrheit für die beiden Kinder.

	schwarzhaariges Kind	blondes Kind
1.	sagt die Wahrheit	sagt die Wahrheit
2.	sagt die Wahrheit	lügt
3.	lügt	sagt die Wahrheit
4.	lügt	lügt

Die erste Möglichkeit scheidet aus, da in der Aufgabe gesagt wurde, daß mindestens ein Kind lügt. Sagt das schwarzhaarige Kind die Wahrheit, so müssen beide Jungen sein, was auch wiederum den Voraussetzungen widerspricht. Aus dem gleichen Grund scheidet auch die dritte Möglichkeit aus, da hier beide Kinder Mädchen sein müßten. Es bleibt also nur die vierte Möglichkeit, nämlich daß beide Kinder lügen. Dies bedeutet, der Junge hat blondes und das Mädchen schwarzes Haar.

Quelle: Aufgabe: Martin Hollis in: Martin Gardner, Scientific American 225, Juli 1971, S. 107. — Lösung: Martin Hollis in: Martin Gardner, Scientific American 225, August 1971, S. 105.

30. Ein Wurzelvergleich

Der wohl einfachste Weg ist es, beide Zahlen mit 30 zu potenzieren und dann zu vergleichen.

$$\left(\sqrt[10]{10}\right)^{30} = \left(10^{\frac{1}{10}}\right)^{30} = 10^{\frac{30}{10}} = 10^3 = 1000$$

$$\left(\sqrt[3]{2}\right)^{30} = \left(2^{\frac{1}{3}}\right)^{30} = 2^{\frac{30}{3}} = 2^{10} = 1024$$

Der Ausdruck $\sqrt[3]{2}$ ist also größer als $\sqrt[10]{10}$. Die genauen Werte der beiden Zahlen sind:

$$\sqrt[3]{2} = 1,25992...$$
$$\sqrt[10]{10} = 1,25893...$$

Quelle: Angela Dunn, Mathematical Bafflers, New York 1964, S. 157, 158.

31. Inecke und Umecke

Man kann das innere Quadrat in dem Kreis um 45 Grad drehen, ohne daß sich sein Flächeninhalt ändert. Wenn man jetzt noch die beiden Diagonalen in das kleine Quadrat einzeichnet, fällt einem die Lösung sofort ins Auge: Das äußere Quadrat besteht aus acht gleichen Dreiecken, das innere aus vier. Ihre Flächeninhalte stehen also im Verhältnis 2:1.

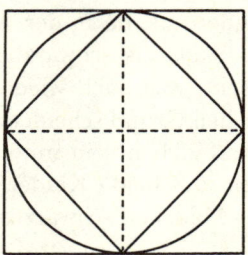

Ein Kreis dient einem regelmäßigen Sechseck als Umkreis und gleichzeitig einem anderen regelmäßigen Sechseck als Inkreis. In welchem Verhältnis stehen die Flächeninhalte der beiden Sechsecke?

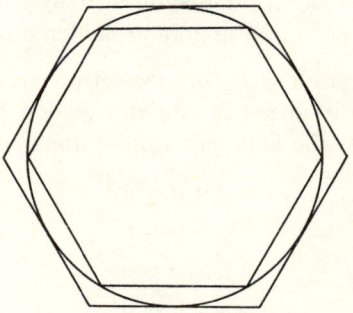

32. Fakultäten

Der Ausdruck 13! ist das Produkt der Zahlen von 1 bis 13:

$$13! = 1 \cdot 2 \cdot 3 \cdot 4 \cdot 5 \cdot 6 \cdot 7 \cdot 8 \cdot 9 \cdot 10 \cdot 11 \cdot 12 \cdot 13$$

Jede Multiplikation einer Zahl mit 10 fügt an das Ende dieser Zahl eine 0 an. Aber auch wenn man eine Zahl nacheinander mit den beiden Faktoren von 10, also mit 2 und 5, multipliziert, wird an ihr Ende eine 0 dazugesetzt. Bei allen anderen Faktoren bekommt man keine zusätzlichen Nullen. Es ist jedoch zu beachten, daß die 10 auch in ihren Vielfachen versteckt sein kann: Auch eine Multiplikation beispielsweise mit $20 = 2 \cdot 10$ erhöht die Anzahl der Nullen. Der Faktor $100 = 10 \cdot 10$ hängt sogar zwei Nullen an das Ende der Zahl.

Bei 13! taucht der Faktor 10 zweimal auf, einmal als $2 \cdot 5$ und einmal als 10 selbst. Das Ergebnis muß darum mit genau zwei Nullen enden. 13! ist folglich gleich 6227020800.

Allgemein endet die Zahl $n!$ auf N Nullen.

$$N = \sum_{i=1}^{I} \left[\frac{n}{5^i} \right], \qquad I = \left[\frac{\lg n}{\lg 5} \right]$$

Die eckigen Klammern bedeuten, daß von dem Quotienten nur der ganzzahlige Anteil betrachtet wird.

Quelle: J. F. Hurley: Litton's Problematical Recreations, New York 1971, S. 263, 333.

33. Eine diophantische Gleichung

Das falsche Zahlenpaar läßt sich herausfinden, ohne daß man eine einzige Multiplikation oder Subtraktion ausführen muß. Man braucht nur einige Überlegungen über gerade und ungerade Zahlen anzustellen.

Die Differenz zweier gerader (g) oder zweier ungerader (u) Zahlen ist immer eine gerade Zahl; ist dagegen eine der beiden Zahlen gerade und die andere ungerade, so ist die Differenz immer ungeradzahlig.

$$g - g = g$$
$$g - u = u$$
$$u - g = u$$
$$u - u = g$$

Ein ähnliches Verhalten zeigt auch das Produkt zweier Zahlen: Ist wenigstens einer der beiden Faktoren geradzahlig, ist auch das Produkt geradzahlig. Nur wenn beide Faktoren ungeradzahlig sind, erhält man auch ein ungeradzahliges Ergebnis.

$$g \cdot g = g$$
$$g \cdot u = g$$
$$u \cdot g = g$$
$$u \cdot u = u$$

Da auf der rechten Seite der Gleichung

$$187x - 104y = 41$$

die ungerade Zahl 41 steht, muß entweder $187x$ oder $104y$ ungeradzahlig sein. In dem Produkt $104y$ ist der Faktor 104 geradzahlig, darum ist es in jedem Fall gerade. Also muß $187x$ ungeradzahlig sein. Das bedeutet aber, daß auch x ungerade sein muß. Dies ist bei vier der fünf Lösungsvorschläge auch der Fall, nur bei einem, nämlich bei (d), ist $x = 314$ eine gerade Zahl. Dies muß also das gesuchte falsche Zahlenpaar sein.

Quelle: Aufgabe: H. C. Torreyson, School Science and Mathematics 63, 1963, Problem 2918. — Lösung: Dale Woods, School Science and Mathematics 64, März 1964, S. 242.

34. Determinanten

Determinanten haben eine Eigenschaft, die uns die Lösung dieser Aufgabe sehr vereinfacht: Vertauscht man zwei Zeilen einer Matrix, so ändert ihre Determinante nur das Vorzeichen, behält aber ihren Wert bei. Bei unseren

362880 verschiedenen Möglichkeiten, die Ziffern von 1 bis 9 zu einer 3×3-Matrix zu ordnen, gibt es zu jeder Kombination auch eine, die sich nur dadurch von ihr unterscheidet, daß die erste und die zweite Zeile vertauscht sind. Da die Determinanten dieser beiden Matrizen den gleichen Wert, aber ein unterschiedliches Vorzeichen haben, ist ihre Summe null. Das gleiche gilt auch für jedes andere Paar. Daraus folgt, daß auch die Summe aller 362880 Determinanten null ist.

Beispiel:

$$\begin{vmatrix} 9 & 5 & 1 \\ 2 & 7 & 6 \\ 4 & 3 & 8 \end{vmatrix} = 360 \qquad \begin{vmatrix} 2 & 7 & 6 \\ 9 & 5 & 1 \\ 4 & 3 & 8 \end{vmatrix} = -360$$

Quelle: Charles W. Trigg, Mathematics Magazine 36, Januar–Februar 1963, S. 77, 78.

35. Ein mathematisches Symbol

Die einfachste und eleganteste Lösung ist das Dezimalkomma:

$$2 < 2{,}3 < 3$$

Es gibt noch eine weitere Möglichkeit: Das Produkt aus 2 und dem natürlichen Logarithmus von 3 beträgt ungefähr 2,19722.

$$2 < 2\ln 3 < 3$$

Quelle: Aufgabe: Martin Gardner, Scientific American 225, Juli 1971, S. 106. — 1. Lösung: Martin Gardner, Scientific American 225, August 1971, S. 105. — 2. Lösung: Larry S. Liebovitch in: Martin Gardner, Wheels, Life, and other Mathematical Amusements, New York 1983, Kap. 4.

36. Der Widerstandswürfel

Damit der Widerstandswürfel etwas anschaulicher wird, verzerren wir ihn soweit, bis er sich in der Ebene flach ausbreiten läßt, ohne daß es zu Überschneidungen der Widerstände kommt. Den Punkt B ziehen wir dabei zu einem Kreis auseinander.

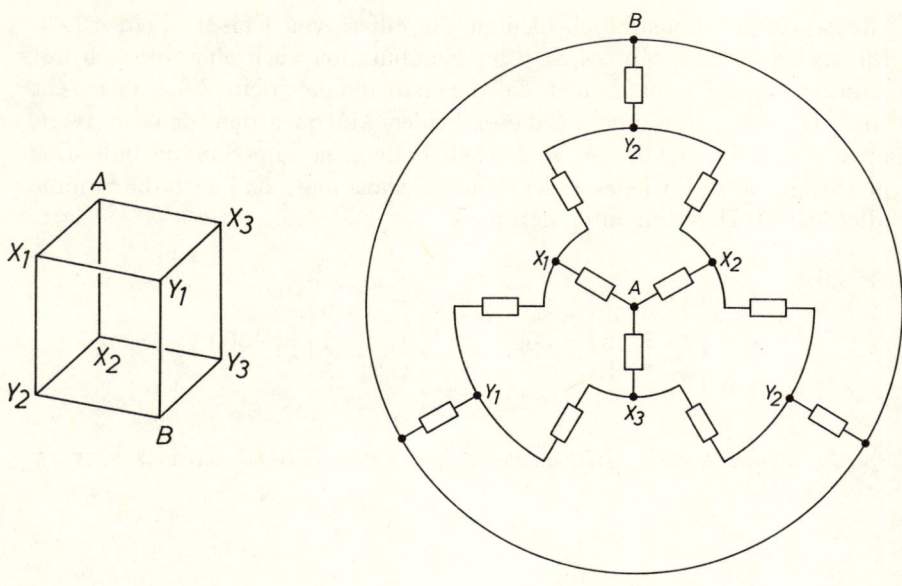

Die drei Würfelecken X_1, X_2 und X_3 liegen aus Symmetriegründen auf dem gleichen elektrischen Potential, darum darf man sie getrost miteinander verbinden, ohne daß sich der Widerstand des Systems ändert. Das gleiche gilt für die Ecken Y_1, Y_2 und Y_3.

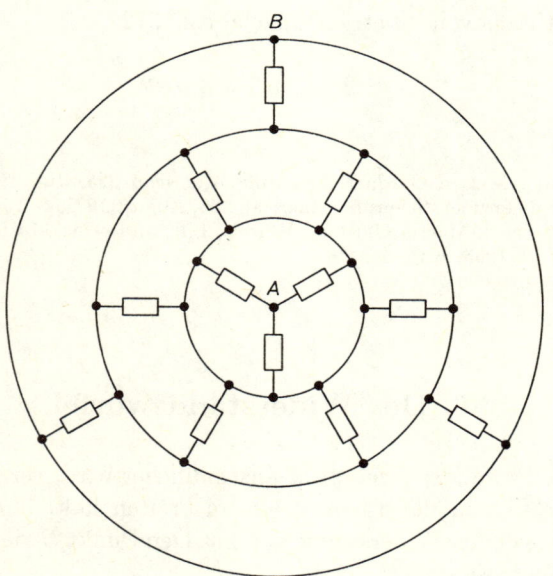

Jetzt sieht man, daß die Widerstände zwischen den einzelnen Kreisen parallel und die Kreise selbst hintereinander geschaltet sind. Daraus ergibt sich der Gesamtwiderstand

$$\frac{1}{3}\Omega + \frac{1}{6}\Omega + \frac{1}{3}\Omega = \frac{5}{6}\Omega.$$

Quelle: E. E. Brooks und A. W. Poyser, Magnetism and Electricity, London 1920, S. 277–279.

37. Die Stellenzahl

Wir schreiben den Ausdruck 2^{-n} in eine etwas andere Form.

$$2^{-n} = \left(\frac{10}{5}\right)^{-n} = 5^n \cdot 10^{-n}$$

Die Zahl 5^n endet immer mit einer 5 und niemals mit einer 0, da immer nur Fünfen miteinander malgenommen werden. Die Multiplikation mit 10^{-n} bedeutet, daß das Komma vor die letzten n Stellen von 5^n gesetzt wird. Die Zahl 2^{-n} hat also in der Dezimalschreibweise n Stellen hinter dem Komma. Ein Beispiel ist $2^{-3} = 0,125$.

Quelle: Gerald C. Dodds, Mathematics Magazine 41, Januar–Februar 1968, S. 41, 50.

38. Eine kuriose Zahl

Es klingt zwar unwahrscheinlich, aber es gibt diese Zahl. Wenn wir sie mit n bezeichnen, so lautet die Aufgabe als Gleichung geschrieben:

$$\frac{n}{5} \cdot \frac{n}{7} = n$$

Das ergibt

$$n(n - 35) = 0.$$

Die Gleichung ist erfüllt, wenn $n = 0$ oder $n = 35$ ist. Da aber 0 keine positive Zahl ist, muß die Lösung 35 sein.

Quelle: Charles W. Trigg, Mathematical Quickies, New York 1967, S. 22, 110.

39. Die Kosinussumme

Betrachten Sie ein regelmäßiges Fünfeck, dessen Basisseite mit der Horizontalen einen Winkel von 5° einschließt. Da die Zentralwinkel des Fünfecks, die Winkel also, die von den Strecken gebildet werden, die den Mittelpunkt der Figur mit ihren Ecken verbinden, alle 360°/5 = 72° betragen, schließen die fünf Seiten mit der Horizontalen die Winkel 5°, 77°, 149°, 221° und 293° ein. Stellt man sich die Kosinusse dieses Winkels als Vektoren vor, so addieren sie sich, wie man an den Pfeilen in der Zeichnung sehen kann, zu 0 auf. Die Lösung lautet also:

$$\cos 5° + \cos 77° + \cos 149° + \cos 221° + \cos 293° = 0$$

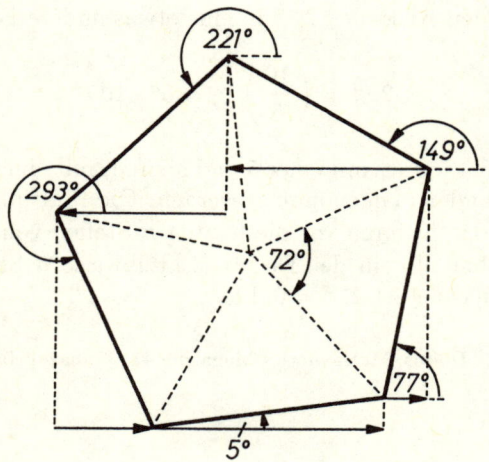

Quelle: M. S. Klamkin, Mathematics Magazine 28, Mai 1955, S. 293.

40. Diagonalen

Die Raumdiagonalen eines Würfels sind zwar alle gleich lang, sie schneiden sich jedoch nicht unter rechten Winkeln. Im dreidimensionalen Raum können sich in einem Punkt höchstens drei Geraden rechtwinklig schneiden. Es gilt allgemein, daß im n-dimensionalen Raum maximal n Geraden in einem Punkt unter rechten Winkeln aufeinander stehen können. Da ein

Würfel ein Körper des dreidimensionalen Raums ist, jedoch vier Raumdiagonalen hat, können sie natürlich nicht alle senkrecht aufeinander stehen.

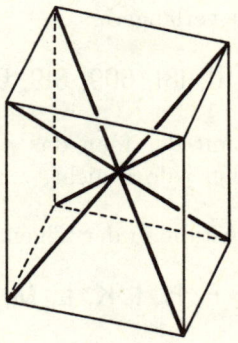

Kann es überhaupt irgendein dreidimensionales Polyeder geben, dessen Raumdiagonalen gleich lang sind und sich unter rechten Winkeln schneiden?

41. Der verknäulte Expander

Den unteren Teil des Expanders erhält man am einfachsten, indem man den oberen Teil an der Mittelachse spiegelt. Dadurch wird jede Verknotung im oberen Teil durch ein Gegenstück im unteren aufgehoben.

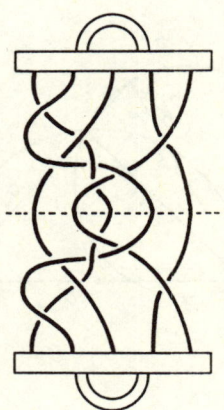

Quelle: Aufgabe: J. Lembek, Pi Mu Epsilon Journal 1, November 1953, S. 364–365. — Lösung: N. Grossman, Pi Mu Epsilon Journal 2, November 1954, S. 26.

42. Reihen

Es ist die Reihe derjenigen ganzen Zahlen, die auch auf den Kopf gestellt noch sinnvoll sind und außerdem dabei ihren Wert nicht verändern. Die Reihe läßt sich beliebig weit verlängern:

I, 8, II, 69, 88, 96, IOI, III, I8I, 609, 6I9, 689, 808, 8I8, 888, ...

Eine geschlossene Formel, mit der man das n-te Element dieser Reihe berechnen kann, gibt es bisher jedoch nicht.

Wie lautet der nächste Buchstabe in der folgenden Reihe?

A, E, F, H, I, K, L, M, ...

43. Dreieck und Kreise

Die Zeichnung ist sehr ungenau ausgeführt worden. In Wirklichkeit muß der zweite Schnittpunkt der beiden Kreise immer, unabhängig davon, wie groß der Winkel γ ist, oder wie lang die beiden Seiten a und b sind, auf der dritten Seite c liegen. Der gesuchte Abstand ist also null Zentimeter.

Warum? Verbindet man die Enden der beiden Kreisdurchmesser mit dem zweiten Schnittpunkt der Kreise, erhält man zwei Dreiecke. Diese müssen rechtwinklig sein, da sie zwei Thaleskreisen einbeschrieben sind. Zwei aneinandergehängte rechte Winkel ergeben 180 Grad oder eine ungeknickte Gerade, was nun bedeutet, daß die beiden Verbindungslinien gleich der Seite c sind.

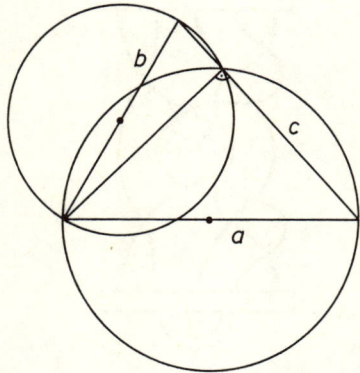

Quelle: Angela Fox Dunn, Second Book of Mathematical Bafflers, New York 1983, S. 33, 177.

44. Ein seltsames Datum

Es handelt sich bei den Abkürzungen Dez. und Okt. nicht um die Monate Dezember und Oktober, sondern um das Dezimal- und das Oktalsystem der Zahlendarstellung. Die Gleichung bedeutet, daß die dezimale Zahl 1987 im Oktalsystem die Ziffernfolge 3703 hat. Dies läßt sich auch leicht nachprüfen:

$$3 \cdot 8^3 + 7 \cdot 8^2 + 0 \cdot 8^1 + 3 \cdot 8^0 = 1536 + 448 + 0 + 3 = 1987$$

Quelle: Solomon W. Golomb in: Martin Gardner, Mathematic Magic Show, New York 1977, S. 72, 79–80.

45. Sechs Menschen

Einer der willkürlich aus der Menschheit gewählten sechs Leute möge A sein. Von den anderen fünf Menschen gibt es mindestens drei, die A kennt, oder es gibt mindesten drei, die A nicht kennt.

Im ersten Fall können sich die drei übrigen Personen untereinander völlig fremd sein – dann hat man schon ein mögliches Trio –, oder mindestens zwei kennen sich. Diese beiden bilden dann mit A eine Dreiergruppe, in der man sich untereinander kennt.

Für den zweiten Fall läuft der Beweis analog. Die drei Menschen, die A nicht kennt, können untereinander Bekannte sein. Es sind aber eventuell auch zwei dabei, die sich nicht kennen, und die dann mit A ein Trio von Menschen bilden, die einander nicht bekannt sind.

Quelle: Aufgabe: The William Lowell Putnam Competition, American Mathematical Monthly 60, Oktober 1953, S. 541 und C. W. Bostwich, American Mathematical Monthly 65, Juni–July 1958, S. 446. — Lösung: John Rainwater, American Mathematical Monthly 66, Februar 1959, S. 141–142.

46. Teilbarkeit durch 8

Jede Zahl kann man in zwei Summanden zerlegen, von denen der eine aus den letzten drei Stellen der Zahl und der andere aus den vorderen Stellen und drei anschließenden Nullen besteht. Zum Beispiel gilt 51119552 = 51119000 + 552. Wenn beide Summanden durch 8 teilbar sind, ist die

Zahl es auch. Da 1000 und damit auch alle Vielfachen von 1000, wie zum Beispiel 51119000, ohne Rest durch 8 teilbar sind, genügt es, die letzten drei Ziffern einer Zahl – beispielsweise von 51119552 nur 552 – auf ihre Teilbarkeit durch 8 zu untersuchen.

Quelle: Aufgabe: Kein Autor genannt, Die Welt, 17. 7. 1987, S. IV. — Lösung: Kein Autor genannt, Die Welt, 24. 7. 1987, S. IV.

47. Das Pentagon

Zu jeder Position des Spions gibt es einen Punkt genau auf der anderen Seite des Pentagons, der den gleichen Abstand von dessen Zentrum hat und von dem aus man diejenigen Seiten des Gebäudes sehen kann, die der Spion nicht sieht. Die Wahrscheinlichkeit zwei oder drei Seiten beobachten zu können, sind also gleich und deshalb beide 0,5 oder 50%.

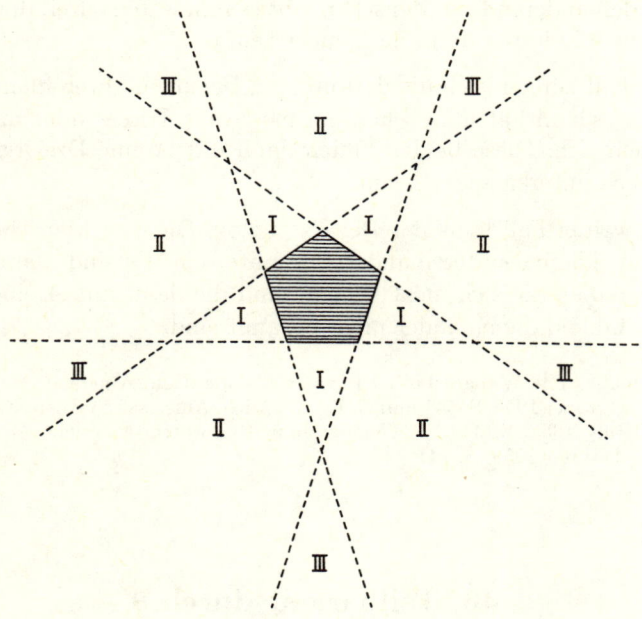

Die Vorsetzung, daß die Entfernung des Spions vom Pentagon groß im Vergleich zu den Seitenlängen des Gebäudes ist, habe ich deshalb gegeben, weil es bei geringem Abstand auch Bereiche (I) gibt, von denen aus man nur eine Gebäudeseite sehen kann. An den Wahrscheinlichkeiten ändert sich zwar nichts, da die Bereiche, aus denen man nur eine Pentagonseite sieht (I), eine endliche Größe haben, während die, aus denen man zwei (II) oder drei Seiten (III) sieht, jeweils unendlich groß sind, aber der elegante Beweis funktioniert dann nicht mehr.

Quelle: James F. Hurley, Litton's Problematical Recreations, New York 1971, S. 183, 319.

48. Die sieben Punkte

Im Zweidimensionalen gibt es keine Lösung dieses Problems. Man muß die dritte Dimension hinzunehmen.

Fünf der gesuchten Punkte liegen auf den Ecken, der sechste in der Mitte eines regelmäßigen Fünfecks. Der siebte Punkt befindet sich genau über dem Mittelpunkt in einem Abstand, der der Verbindung vom Mittelpunkt zu einer der Ecken des Fünfecks entspricht. Jede beliebige Auswahl von dreien dieser sieben Punkte bildet die Ecken eines gleichschenkligen Dreiecks.

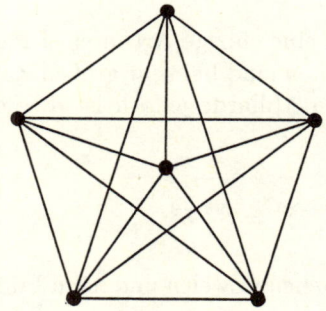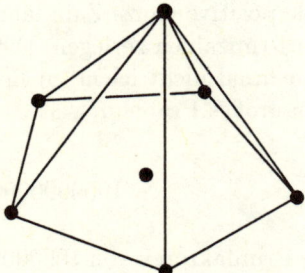

Quelle: James F. Hurley, Litton's Problematical Recreations, New York 1971, S. 192, 321.

49. Eine Parallelprojektion

Man vergißt leicht, daß ein Körper nicht nur glatte Flächen, sondern auch Rundungen haben kann. Die beiden Ansichten aus der Aufgabe können eine flache, runde Scheibe darstellen, in die man am Umfang an einer Stelle eine Nut gefräst hat.

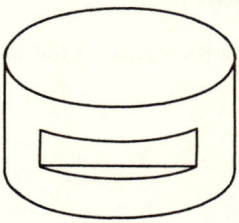

Quelle: Kein Autor genannt: Picture Puzzles, 1982 (Diagram Visual Informations).

50. Faktoren ohne Null

Jede positive ganze Zahl läßt sich auf nur eine einzige Art in ein Produkt von Primzahlen zerlegen. Diese Primfaktoren sind bei sehr großen Zahlen manchmal nicht leicht zu finden, bei einer Millarde jedoch ist dies noch kein großes Problem.

$$1000000000 = 10^9 = (2 \cdot 5)^9 = 2^9 \cdot 5^9$$

Die Primfaktoren von 1000000000 sind also neun Zweien und neun Fünfen.

Um die gesuchten Zahlen n und m zu finden, muß man diese achtzehn Primzahlen in zwei Gruppen teilen. Enthält jetzt eine Gruppe wenigstens eine 2 und eine 5, so endet das Produkt auf jeden Fall mit einer Null, denn $2 \cdot 5 = 10$. Wenn also n und m nicht auf Nullen enden sollen, so müssen die Zweien und Fünfen streng getrennt bleiben. Es gibt folglich nur einen Kandidaten für eine mögliche Lösung: $n = 2^9$ und $m = 5^9$. Multipliziert man diese Exponentialzahlen aus, so stellt man fest, daß sie tatsächlich keine Nullen besitzen und somit die Lösung des Problems sind.

$$n = 2^9 = 512$$
$$m = 5^9 = 1953125$$

Lange nicht alle Potenzen von 10 lassen sich in zwei nullenfreie Faktoren zerlegen. Für 10^i mit $i < 1000000$ geht es nur bei $i = 1, 2, 3, 4, 5, 6, 7, 9$, 18 und 33. Ob es für 10^i mit $i \geq 1000000$ überhaupt noch Zerlegungen in zwei nullenfreie Faktoren gibt, ist sehr fraglich. Ein Beweis steht jedoch noch aus.

i	2^i	5^i
1	2	5
2	4	25
3	8	125
4	16	625
5	32	3125
6	64	15625
7	128	78125
9	512	1953125
18	262144	3814697265625
33	8589934592	116415321826934814453125

Quelle: Joseph S. Madachy, Mathematics on Vacation, New York 1966, S. 115, 126–128.

51. Große Zahlen

Alle Exponenten der vier Zahlen haben 11 als gemeinsamen Faktor. Man kann deshalb leicht die Exponenten aufgliedern und die Zahlen soweit ausmultiplizieren, daß sie nur noch die 11 als Exponenten haben.

$$2^{55} = 2^{5 \cdot 11} = \left(2^5\right)^{11} = 32^{11}$$

$$3^{44} = 3^{4 \cdot 11} = \left(3^4\right)^{11} = 81^{11}$$

$$4^{33} = 4^{3 \cdot 11} = \left(4^3\right)^{11} = 64^{11}$$

$$5^{22} = 5^{2 \cdot 11} = \left(5^2\right)^{11} = 25^{11}$$

Jetzt ist der Größenvergleich simpel. Es gilt also

$$5^{22} < 2^{55} < 4^{33} < 3^{44}.$$

Quelle: New Jersey Mathematics Teacher 43, Frühjahr 1986, S. 26.

52. Der Wert 1

Es gibt sehr viele Lösungen, die alle nach dem gleichen Prinzip aufgebaut sind. Drei Beispiele sind

$$1^{234567890} = 1$$

$$1^{2345^{67890}} = 1$$

$$123456789^0 = 1$$

Quelle: ?

53. Volumen und Oberfläche

Die Rechnungen der Aufgabe sind korrekt, nur die Schlußfolgerung, daß bei der Kugel und beim Würfel die Verhältnisse von Oberfläche zu Volumen gleich sind, ist falsch. Die Größe d bezeichnet in beiden Gleichungen völlig verschiedene Begriffe: Einmal ist der Durchmesser einer Kugel, das andere Mal die Kantenlänge eines Würfels gemeint. Man darf diese beiden Größen nicht einfach gleichsetzen.

Für den korrekten Vergleich der Verhältnisse eliminiert man zunächst für beide Körper die „unvergleichbare" Größe d, indem man die Volumen- und die Oberflächengleichungen nach d auflöst und gleichsetzt.

$$d_W = \sqrt[3]{V_W} = \sqrt{\frac{A_W}{6}}$$

$$d_K = \sqrt[3]{\frac{6V_K}{\pi}} = \sqrt{\frac{A_K}{\pi}}$$

Eine für beide Körper vergleichbare Größe ist das Volumen. Es hat für den Würfel und die Kugel die gleiche Bedeutung.

$$V_W = \sqrt{\left(\frac{A_W}{6}\right)^3}$$

$$V_K = \frac{\pi}{6} \sqrt{\left(\frac{A_K}{\pi}\right)^3}$$

Jetzt kommt der entscheidene Schritt: Nicht der Durchmesser und die Kantenlänge, sondern die beiden Volumina werden gleichgesetzt.

$$\sqrt{\left(\frac{A_W}{6}\right)^3} = \frac{\pi}{6}\sqrt{\left(\frac{A_K}{\pi}\right)^3}$$

$$A_W = \sqrt[3]{\frac{6}{\pi}} \cdot A_K \approx 1,24\, A_K$$

Bei gleichen Volumina ist also die Würfeloberfläche etwa 1,24mal so groß wie die Kugeloberfläche.

Quelle: D. W. Tomer in: Christopher P. Jargocki, Science Brain-Twisters, Paradoxes and Fallacies, New York 1976.

54. Die Rundtour des Springers

Der Springer kann auf dem $4 \times n$-Brett keine vollständige Rundtour in $4n$ Zügen machen. Das sieht man am einfachsten, wenn man das Schachbrett auf eine etwas ungewöhnliche Art einfärbt.

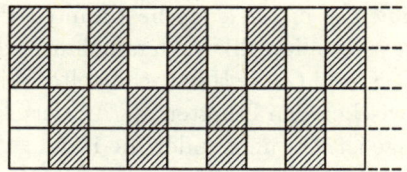

Steht der Springer am Anfang auf einem weißen Feld in der obersten oder untersten Reihe, so kann er mit dem nächsten Zug nur zu einem weißen Feld in eine der beiden mittleren Reihen gelangen. Umgekehrt kann der Springer auch ein weißes Feld in den äußeren Reihen nur von einem weißen Feld der beiden mittleren Reihen aus erreichen. Da es in den beiden mittleren Reihen genausoviele weiße Quadrate gibt wie in der untersten und obersten Reihe, muß man als zweiten Zug wieder einen Sprung von den mittleren Reihen zu den weißen Feldern in den äußeren Reihen machen, wenn man auf dem Rundzug zu allen weißen Quadraten gelangen will. Der Springer erreicht somit niemals ein schwarzes Feld, und der vollständige Rundzug ist unmöglich.

Quelle: Loren C. Larson, Problem-Solving Through Problems, New York 1983, S. 48.

55. Das Problem des Händeschüttelns

Auf dem ersten Blick sieht es aus, als wenn das Problem unlösbar sei: Es scheinen Informationen zu fehlen. Aber das ist ein Irrtum. Die Frage aus der Aufgabe kann ohne zusätzliche Angaben beantwortet werden.

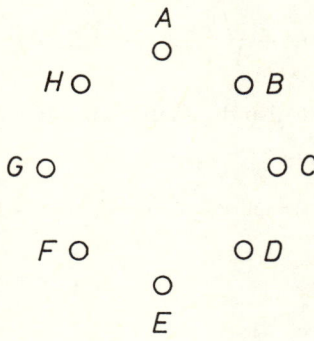

Dazu stellen wir die acht Teilnehmer an Wieners Gartenparty durch auf einem Kreis angeordnete Punkte dar. Weil keine der acht Personen seinem Ehepartner oder sich selbst die Hand gab, konnte jede höchstens sechs Hände schütteln. Die Antworten, die Herr Wiener bekam, haben also 0, 1, 2, 3, 4, 5 und 6 gelautet.

Da mit den Buchstaben A bis H keine bestimmten Personennamen verbunden sind, können wir völlig willkürlich annehmen, daß A sechs Leuten, und zwar B, C, D, E, F und G, die Hand schüttelte. Wir deuten dies durch Verbindungslinien zwischen den Punkten an. An der Skizze kann man nun sehen, daß H derjenige ist, der niemanden die Hand gab. Da A allen außer H die Hand schüttelte, bedeutet dies außerdem, daß A und H miteinander verheiratet sind.

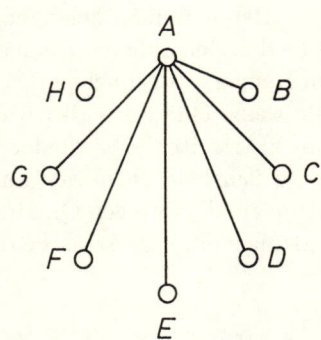

Im nächsten Schritt nehmen wir an, daß B fünf Personen die Hand gab. Aus dem Diagramm kann man nun entnehmen, daß G nur A und daß B allen Leuten außer G und H die Hand schüttelte. Da H mit A verheiratet ist, müssen G und B ein Ehepaar sein.

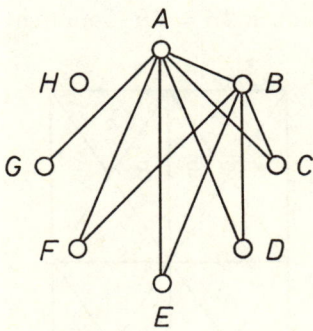

Der dritte Schritt geht ganz analog. Wir nehmen an, C gab vier Personen die Hand und stellen dann fest, daß F nur zweien die Hand gab und mit C verheiratet ist.

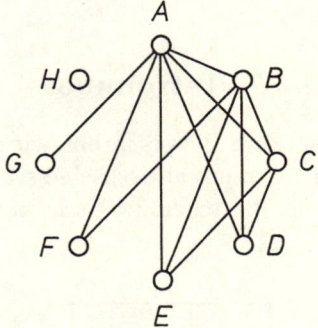

Wenn wir jetzt die Skizze betrachten, sehen wir, daß D und E jeweils drei Gäste mit Handschlag begrüßen. Da Herr Wiener nur einmal die Antwort „drei" bekam, muß er einer der beiden sein. Weil außerdem auch noch D und E miteinander verheiratet sind, ist seine Frau die andere der beiden. Frau Wiener gab also drei Gästen die Hand.

Quelle: Otto Botsch, In der Werkstatt der Hirnverzwirner, Köln 1979, S. 94–95, 156, 235.

56. Das geteilte Blatt

Man sieht die Lösung sofort, wenn man mehrere DIN-A4-Blätter aneinanderlegt und die Diagonalen einzeichnet. Die gesamte Papierebene wird in lauter gleiche Rhomben zerlegt. Jede Rhombe wird durch eine Seite der Papierbögen halbiert, manche senkrecht, andere waagerecht. Da alle Rhomben gleich sind, ist auch $2A = 2B$. Somit sind die Flächen A und B gleich groß.

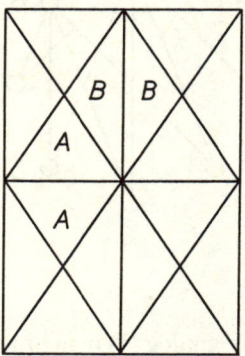

Quelle: Aufgabe: Duane Bollenbacher, The Mathematics Teacher 80, November 1987, S. 647. — Lösung: Heinrich Hemme, in diesem Buch.

57. Tetrominos

Das Problem ist unlösbar. Zum Beweis färben wir die Quadrate des 4×5-Rechtecks und der fünf Tetrominos abwechselnd schwarz und weiß. Bis auf das T-Tetromino hat jedes Plättchen zwei schwarze und zwei weiße Fel-

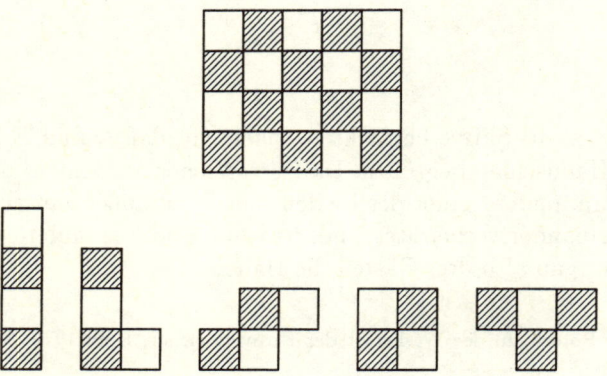

der. Nur das T-Tetromino hat drei schwarze und nur ein weißes Quadrat. Natürlich können wir die Farben auch vertauschen, so daß es ein schwarzes und drei weiße Felder hat. Unabhängig davon welche Möglichkeit wir wählen, haben alle fünf Tetrominos zusammen eine ungerade Anzahl weißer und eine ungerade Anzahl schwarzer Felder. Das 4×5-Rechteck besteht jedoch aus geraden Anzahlen schwarzer und weißer Quadrate. Folglich ist es unmöglich, die Tetrominos zum 4×5-Rechteck zusammenzusetzen.

Für den zweiten Teil dieser Aufgabe sollen die Quadrate der Tetrominos genauso groß sein, wie die Felder eines Schachbretts. Es ist unmöglich mit fünfundzwanzig geraden Tetrominos und Treppentetrominos ein 10×10-Schachbrett vollständig zu überdecken. Dabei spielt es keine Rolle, wieviele der fünfundzwanzig Plättchen gerade Tetrominos und wieviele Treppentetrominos sind. Außerdem ändert sich nichts, wenn man einen Teil der Treppentetrominos umdreht und die spiegelbildliche Form verwendet.

Warum gibt es keine Lösung?

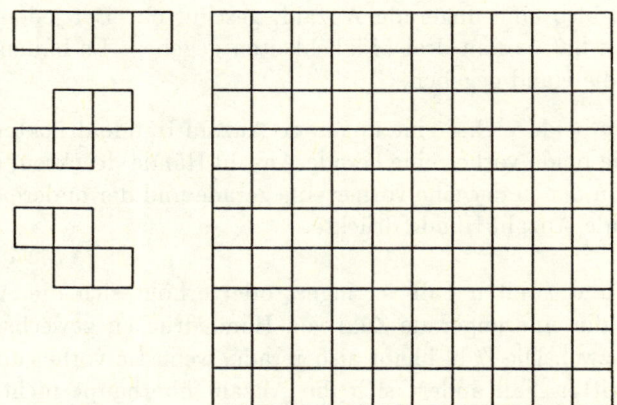

58. Die Händedrücke

Wir bezeichnen die Zahl der Menschen, die jemals auf der Welt gelebt haben, mit N und die Anzahl der von ihnen gewechselten Händedrücke mit m. Jetzt numerieren wir alle Menschen durch und nennen die Anzahl der Händedrücke, die der i-te Mensch gewechselt hat, n_i. Zum Händedrücken gehören immer zwei Leute, darum taucht ein Händedruck, den der k-te mit dem l-ten Mensch wechselte, zweimal auf: einmal in n_k und einmal in n_l. Die Summe aller n_i beträgt deshalb $2m$, also eine gerade Zahl.

$$n_1 + n_2 + n_3 + \ldots + n_N = 2m$$

Die Summe von irgendwelchen ganzen Zahlen kann aber nur gerade sein, wenn die dabei beteiligten ungeraden Summanden neutralisiert werden. Das geschieht dadurch, daß man alle ungeraden Zahlen paarweise zusammenfaßt: Ihre Summe ist dann jeweils gerade. Daraus folgt, die Anzahl der ungeraden Summanden ist gerade oder anders ausgedrückt, die Anzahl der Menschen, die eine ungerade Zahl Hände gedrückt haben, ist gerade.

Diese Aufgabe hat noch einen weiteren eleganten Lösungsweg, den ich Ihnen nicht unterschlagen möchte.

Bevor es die ersten Menschen gab, hatte noch niemand jemanden die Hand geschüttelt. Irgendwann gaben sich dann zum ersten Mal zwei Leute die Hand. Es hatten somit zwei Menschen, also eine gerade Anzahl, je eine Hand, also eine ungerade Anzahl, geschüttelt. Bei jedem weiteren Händedruck hat es nun drei Möglichkeiten gegeben. Es haben sich zwei Menschen die Hand gegeben,

1) die beide vorher eine ungerade Anzahl Hände drückten, oder
2) die beide vorher eine gerade Anzahl Hände drückten, oder
3) von denen der eine vorher eine gerade und der andere eine ungerade Anzahl Hände drückte.

Im ersten und zweiten Fall verringert oder erhöht sich die Anzahl der Menschen, die eine ungerade Zahl von Händedrücken gewechselt haben, jeweils um zwei. Die Zahl bleibt also gerade, wenn sie vorher auch gerade war. Im dritten Fall ändert sich die Anzahl überhaupt nicht, da zwar derjenige, der vorher eine gerade Zahl Hände gedrückt hat, jetzt auf eine gerade Zahl kommt, dafür hat aber derjenige, der vorher eine ungerade Anzahl Händedrücke gewechselt hat, nun eine ungerade Anzahl Hände gedrückt. Die beiden Personen haben also nur die Gruppe getauscht.

Daraus folgt nun, daß die Anzahl der Menschen, die eine ungerade Zahl von Händen gedrückt hat, in jedem Fall gerade bleibt.

Quelle: Aufgabe und 1. Lösungsweg: E. B. Dynkin und W. A. Uspenski, Mathematische Unterhaltungen I: Mehrfarbenprobleme, Berlin 1955, S. 6, 40 (russische Originalausgabe: Moskau 1952). — 2. Lösungsweg: Gerald K. Schoenfeld in: Martin Gardner, 2nd Scientific American Book of Mathematical Puzzles and Diversions, New York 1961, S. 60.

59. Das Färben von Landkarten

Es ist nicht möglich jede Landkarte, die nur aus konvexen Ländern besteht, mit drei Farben regulär zu färben. Die Zeichnung zeigt ein Gegenbeispiel. Sie beweist gleichzeitig, daß selbst eine Karte, die nur dreieckige Länder hat, nicht immer mit drei Farben regulär gefärbt werden kann.

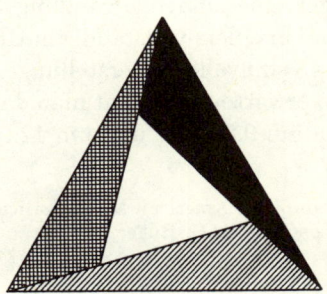

Eine Kreiskarte besteht aus einem Bogen Papier, auf dem eine beliebige Anzahl Kreise gezeichnet ist. Die Kreise dürfen verschieden groß sein, sich überschneiden oder sogar ineinander liegen. Die Länder, die durch die Kreisbögen begrenzt werden, können mit zwei Farben regulär gefärbt werden. Warum?

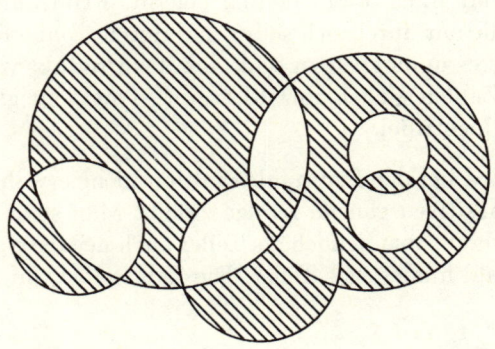

60. Die vertauschten Uhrzeiger

Betrachten wir zunächst einmal eine Uhr, deren Zeiger nicht vertauscht wurden. In der Zeit, in der der Stundenzeiger sich auf dem Zifferblatt von einer Zahl zur nächsten bewegt, macht der Minutenzeiger eine ganze

Runde. Oder anders ausgedrückt: Zu jeder beliebigen Stellung des Minutenzeigers gibt es zwischen jedem Paar benachbarter Zahlen eine dazugehörige Stellung des Stundenzeigers.

Jetzt nehmen wir an, daß die Zeiger vertauscht sind. Der sich nun schnell bewegende Stundenzeiger überstreicht, wenn er sich von einer Zahl zu nächsten bewegt, immer gerade einen Punkt, der mit dem jetzt langsam gehenden Minutenzeiger eine sinnvolle Stellung ergibt. In einer Stunde gibt es folglich zwölf und in einem vollständigen Uhrenzyklus, also in zwölf Stunden $12 \cdot 12 - 1 = 143$ sinnvolle Zeigerstellungen. Man würde eigentlich $12 \cdot 12 = 144$ Stellungen erwarten, doch hat man dann eine doppelt gezählt, da die Zeigerpositionen um 0.00 Uhr und um 12.00 Uhr identisch sind.

Quelle: Aufgabe: W. B. Campbell, American Mathematical Monthly 41, August–September 1934, S. 447. — Lösung: W. E. Buker, American Mathematical Monthly 42, Februar 1935, S. 110–111.

61. Die Faktoren einer Primzahl

Jeder Schüler hat irgendwann einmal gelernt, Primzahlen sind positive ganze Zahlen, die nur durch sich selbst und durch 1 ohne Rest teilbar sind. Deshalb scheint es unmöglich zu sein, daß das Produkt von drei verschiedenen ganzen Zahlen eine Primzahl ergibt. Trotzdem gibt es unendlich viele solcher Zahlentripel.

In der Regel wird bei der Primzahldefinition nicht erwähnt, daß man als Teiler nur die positiven ganzen Zahlen zuläßt. Man setzt dies stillschweigend voraus. Erlaubt man jedoch als Teiler auch negative ganze Zahlen, so hat eine Primzahl immer vier Teiler: Die Zahl selbst, ihr negativer Wert, 1 und −1.

Da in der Aufgabe von ganzen Zahlen und nicht nur von positiven ganzen Zahlen gesprochen wurde, schließt das auch die negativen mit ein. Daher kann jede Primzahl p auf folgende Weise als das Produkt von drei verschiedenen Faktoren dargestellt werden:

$$p = (-p) \cdot (-1) \cdot (+1)$$

Quelle: Angela Dunn, Mathematical Bafflers, New York 1964, S. 174, 178.

62. Ein bruchlinienfreies Schachbrett

Alle zehn Linien eines 6×6-Schachbretts sollen von Dominosteinen geschnitten werden. Wir betrachten zunächst nur die senkrechten Linien. Links von jeder dieser fünf Linien liegt eine gerade Anzahl Felder. Jeder sich ausschließlich links einer Senkrechten befindende Stein bedeckt dort eine gerade Anzahl von Feldern. Ein Dominostein, der eine Linie schneidet, deckt in der linken Hälfte ein Feld ab. Damit jedoch die abgedeckte Felderzahl dort wieder gerade wird, muß die Linie mindestens von zwei Steinen geschnitten werden.

Die gleiche Argumentation gilt auch für die waagerechten Linien. Da jeder Dominostein nur eine Linie schneiden kann, und es zehn Linien auf dem Brett gibt, braucht man für ein bruchlinienfreies 6×6-Schachbrett zwanzig Steine. Es gibt jedoch nur achtzehn Steine. Die Aufgabe ist somit unlösbar.

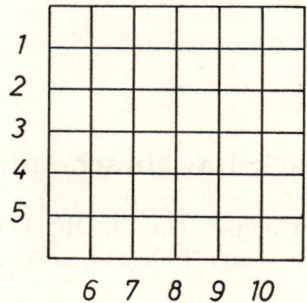

Quelle: Aufgabe: Robert I. Jewett in: Martin Gardner, Scientific American 203, November 1960, S. 192, 194. — Lösung: Solomon W. Golomb in: Martin Gardner, Scientific American 203, Dezember 1960, S. 168.

63. Fünf Punkte im Quadrat

Wir teilen das Quadrat in vier kleine Quadrate mit den Seitenlängen $\frac{1}{2}a$ auf. Wenn wir jetzt die fünf Punkte über das große Quadrat verteilen, so müssen wenigsten in einem der kleinen Quadrate mindestens zwei Punkte liegen. Diese beiden Punkte haben den größten Abstand voneinander, wenn sie sich an zwei diagonal gegenüberliegenden Ecken befinden. Ihr Abstand beträgt dann $\frac{a}{2}\sqrt{2}$, womit die Behauptung bewiesen wäre.

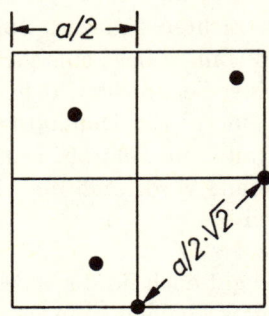

Quelle: Angela Dunn, Mathematical Bafflers, New York 1964, S. 62, 69.

64. Teilbarkeitswahrscheinlichkeit

Um dieses Problem lösen zu können, ohne die 10! = 3628800 Möglichkeiten durchzuprobieren, muß man einige Teilbarkeitsregeln kennen.

Eine Zahl ist ohne Rest durch 4 teilbar, wenn die Zahl, die von ihren letzten beiden Ziffern gebildet wird, durch 4 teilbar ist. Die vorderen Ziffern spielen dabei keine Rolle. Zum Beispiel ist 3141952 durch 4 teilbar, weil sich 92 durch 4 teilen läßt.

Durch 9 ist eine Zahl teilbar, wenn ihre Quersumme, also die Summe ihrer Ziffern, durch 9 teilbar ist. Beispielsweise hat die Quersumme von 5111955 den Wert 27. Da 27 durch 9 teilbar ist, muß es 5111955 auch sein.

Die Teilbarkeitsregel für die 11 ist etwas komplizierter. Man betrachtet zunächst den Elferrest. Der Elferrest ist die Differenz zwischen zwei Quersummen: Die eine Quersumme ist die Summe der Ziffern auf den ungeraden Stellen, also die der ersten, dritten, fünften Stelle usw., die andere ist die Summe der Ziffern auf den geraden Stellen. Beispielsweise hat der Elferrest von 48725 den Wert 6:

$$\underbrace{4+7+5}_{\text{ungerade Stellen}} - \underbrace{8+2}_{\text{gerade Stellen}} = 16 - 10 = 6.$$

90

Ist der Elferrest einer Zahl durch 11 teilbar, dann ist es die Zahl selbst auch.

Kommen wir jetzt zu eigentlichen Lösung unserer Aufgabe. Die Zahl

$$N = 5\_383\_8\_2\_936\_5\_8\_203\_9\_3\_76$$

endet auf 76. Da 76 durch 4 teilbar ist, muß es N auch sein.

Die Quersumme aller Ziffern einschließlich der noch einzusetzenden zehn Ziffern von 0 bis 9, ist 135. Diese Zahl ist durch 9 teilbar, folglich läßt sich auch N durch 9 teilen.

Auf den geraden Stellen von N brauchen keine Ziffern mehr eingesetzt zu werden. Die gerade Quaersumme beträgt also 73. Die zehn Ziffern, die noch eingesetzt werden müssen, gehören alle auf ungerade Stellen. Darum kann man die Quersumme der ungeraden Stellen leicht zu 62 berechnen. Der Elferrest ergibt also $73 - 62 = 11$. Die Zahl 11 ist natürlich durch 11 teilbar, folglich ist es N auch.

Die Zahl N ist somit, unabhängig davon, wie man die zehn Ziffern einsetzt, immer durch 4, 9 und 11 teilbar. Da diese drei Zahlen teilerfremd sind, ist N auch durch ihr Produkt $4 \cdot 9 \cdot 11 = 396$ teilbar. Die gesuchte Wahrscheinlichkeit für die Teilbarkeit von N durch 396 beträgt also 1 oder 100%.

Quelle: Aufgabe: Leo Moser, American Mathematical Monthly 58, April 1951, S. 259. — Lösung: Prasert Na Nagara, American Mathematical Monthly 58, Dezember 1951, S. 700.

65. Die vierte Lüge

Wenn, wie Herr Meier behauptet, Frau Müllers Bemerkung „Ich habe in meinem Leben erst dreimal gelogen." ihre vierte Lüge gewesen wäre, dann hätte sie vorher tatsächlich erst dreimal gelogen. Das wiederum bedeutet aber, daß Frau Müller die Wahrheit gesagt hätte, und Herr Meier deshalb unrecht hat.

Quelle: Aufgabe: Grau, Archimedes 1, April 1949, S. 11. — Lösung: Kein Autor genannt, Archimedes 1, Juni 1949, S. 14.

66. Primzahlen

Löst man die Gleichung aus der Aufgabe nach Q auf, sieht man, daß es das arithmetische Mittel von P_1 und P_2 ist.

$$Q = \frac{1}{2}(P_1 + P_2)$$

Die Zahl Q liegt also zwischen P_1 und P_2. Voraussetzung war jedoch, daß P_1 und P_2 zwei benachbarte Primzahlen sein sollen. Darum kann Q niemals eine Primzahl sein.

Es gibt unendlich viele Primzahlen. Warum?

67. Parallele Diagonalen

Nehmen wir einmal an, eine ebene, konvexe Figur hätte zwei Diagonalen, die parallel zueinander liegen. Ihre Enden bilden die vier Eckpunkte eines Parallelogramms. In diesem Parallelogramm ist jedoch wenigstens eine der beiden Diagonalen länger als seine Seiten und deshalb als die Diagonalen der Figur. Die Annahme muß also falsch sein.

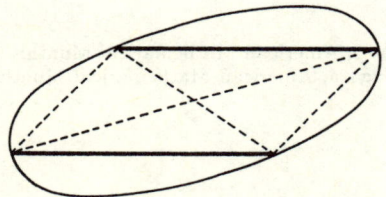

Quelle: Murray S. Klamkin, Mathematics Magazine 40, März–April 1967, S. 85, 110.

68. Die Winkel einer Pyramide

Ein reguläres Oktaeder besteht aus acht gleichen, gleichseitigen Dreiecken. Zerschneidet man es entlang von vier Kanten, die in einer Ebene liegen, erhält man zwei Pyramiden mit quadratischen Grundflächen. Aus diesem Grund wird das reguläre Oktaeder gelegentlich auch als tetragonale Doppelpyramide bezeichnet. Der Schnitt halbiert nicht nur das Volumen des Oktaeders, sondern auch die Winkel zwischen den Seitenflächen der obereren und der unteren Hälfte. Da beim regulären Oktaeder wegen seiner Symmetrie alle Winkel zwischen benachbarten Seitenflächen gleich sind, müssen sie doppelt so groß sein, wie die Winkel zwischen der Schnittfläche und den Seitenflächen. Das bedeutet natürlich auch, daß der gesuchte Winkel zwischen benachbarten Seitenflächen der Pyramide doppelt so groß ist wie ihr Böschungswinkel. Er hat also den Wert $2 \arctan \sqrt{2} \approx 109,47122°$

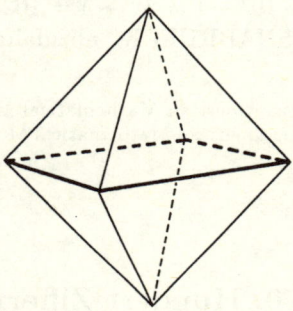

Quelle: Charles W. Trigg, Mathematics Magazine 48, Mai–Juni 1975, S. 182, 186.

69. Das Osnabrückrätsel

Auf dem Schachbrett gibt es nur ein einziges Feld mit einem „K", auf dem der Weg des Königs enden kann. Es ist aus diesem Grund am bequemsten, den König rückwärts laufen zu lassen und mit dem „K" zu beginnen.

Wir betrachten zuerst nur die mittlere Spalte und die linke Hälfte des Brettes. Beginnend mit dem „K", gibt es bei jedem Rückschritt zwei Möglichkeiten, ein Feld mit dem richtigen Buchstaben zu betreten. Bei zehn Buchstaben sind das neun Schritte und somit 2^9 verschiedene Wege.

										O
									O	S
								O	S	N
							O	S	N	A
						O	S	N	A	B
					O	S	N	A	B	R
				O	S	N	A	B	R	U
			O	S	N	A	B	R	U	E
		O	S	N	A	B	R	U	E	C
	O	S	N	A	B	R	U	E	C	K

Genauso viele Wege erhält man, wenn man nur die mittlere Spalte und die rechte Hälfte des Schachbrettes betrachtet. Da es für den König keine Möglichkeit gibt, wenn er einmal die mittlere Spalte verlassen hat, wieder dort hin zurückzukommen oder gar die Bretthälfte zu wechseln, kann man die beiden Wegzahlen einfach addieren. Man muß nur noch 1 abziehen, weil der Weg, der die mittlere Spalte senkrecht hoch führt, doppelt gezählt wurde.

Es gibt also insgesamt $2 \cdot 10^9 - 1 = 2^{10} - 1 = 1023$ verschiedene Wege für den König, das Wort „OSNABRUECK" abzufahren.

Quelle: Aufgabe: C. F. Pinzka, American Mathematical Monthly 67, September 1960, S. 692. — Lösung: J. F. Leetch, American Mathematical Monthly 68, März 1961, S. 295–296.

70. Hundert Ziffern

Wenn eine ganze Zahl k Ziffern hat, so besteht ihr Quadrat entweder aus $2k$ oder aus $2k - 1$ Ziffern. Das läßt sich leicht beweisen.

Jede k-ziffrige Zahl a ist gleich oder größer als 10^{k-1} und ist zugleich kleiner als 10^k.

$$10^{k-1} \le a < 10^k$$

Daraus folgt, daß a^2 in folgendem Intervall liegen muß:

$$\left(10^{k-1}\right)^2 \le a^2 < \left(10^k\right)^2$$
$$10^{2k-2} \le a^2 < 10^{2k}$$

Das bedeutet, a^2 hat entweder $2k - 1$ oder $2k$ Ziffern.

Zusammen bestehen a und a^2 also aus $3k-1$ oder $3k$ Ziffern. Da dies genau hundert Ziffern sein sollen, muß eine der beiden Gleichungen $3k - 1 = 100$ und $3k = 100$ erfüllt sein. Löst man sie nach k auf, erhält man $k = 33\frac{2}{3}$ und $k = 33\frac{1}{3}$. Beides sind keine ganzen Zahlen. Daraus folgt, es ist unmöglich, eine Zahl zu finden, die zusammen mit ihrem Quadrat hundert Stellen hat. Die gesuchte Wahrscheinlichkeit ist also null.

Quelle: Aaron J. Friedland, Puzzles in Math and Logic, New York 1970, S. 1, 37.

71. Das reguläre Oktaeder

Ein Oktaedernetz besteht aus acht zusammenhängenden gleichseitigen Dreiecken. Man kann es auf Karton zeichnen, ausschneiden, knicken und zu einem regulären Oktaeder zusammenkleben.

Die Lösung der Aufgabe sieht man sofort, wenn man die Schnittlinie in ein Netz des Oktaeders einzeichnet. Die Schnittlinie liegt parallel zu den beiden Dreiecken, die in dem Netz einzeln oben und unten herausragen. Sie hat, unabhängig in welchem Abstand zum oberen Dreieck der Schnitt erfolgt, immer einen Umfang von drei Kantenlängen oder dreißig Zentimetern.

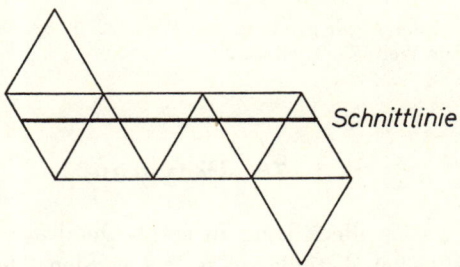

Dieses Oktaedernetz ist nicht das einzig mögliche. Es gibt insgesamt elf verschiedene Netze, aus denen man ein reguläres Oktaeder herstellen kann. Spiegelbildliche Formen sind dabei nicht mitgezählt. In der untenstehenden Zeichnung sind zwölf Muster abgebildet; eines kann kein Oktaedernetz sein. Welches?

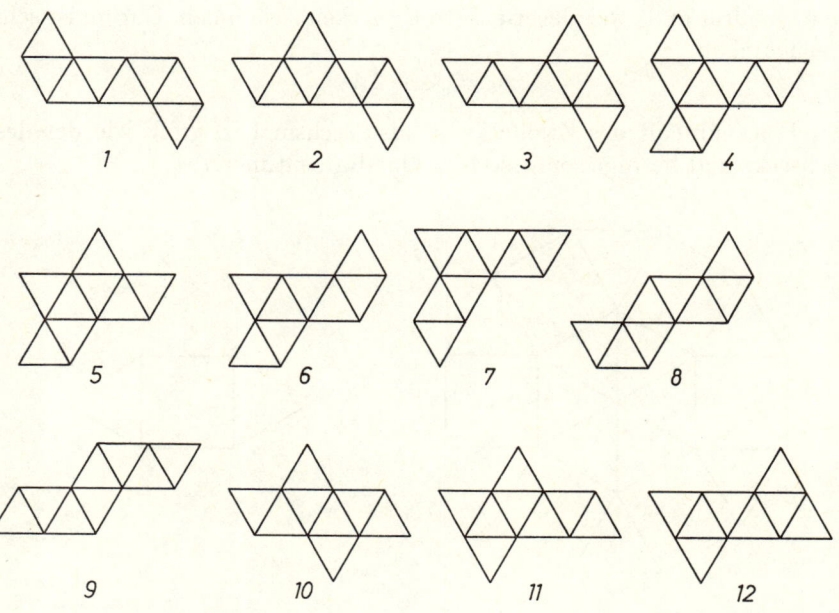

72. Der Milchkaffee

Dadurch daß Frau Meier ihren Kaffee ständig weiter verdünnt hat, ist der Kaffee selbst natürlich nicht mehr oder weniger geworden. Sie hat also genau eine Tasse Kaffee getrunken. Bei der Milch braucht man nur die Mengen zusammenzählen, die sie nachgeschüttet hat:

$$\frac{1}{6} + \frac{1}{3} + \frac{1}{2} = \frac{1}{6} + \frac{2}{6} + \frac{3}{6} = 1$$

Frau Meier hat also genausoviel Milch wie Kaffee getrunken.

Quelle: Aufgabe: Kein Autor genannt, Die Welt, 22. 1. 88, S. VIII. — Lösung: Kein Autor genannt, Die Welt, 29. 1. 88, S. X.

73. Polygone

Ein regelmäßiges Zwölfeck kann in sechs Quadrate und zwölf gleichseitige Dreiecke gleicher Seitenlänge zerlegt werden. Der Flächeninhalt A_{12} des Zwölfecks ist die Summe aus dem sechsfachen Flächeninhalt A_4 des Quadrats und dem zwölffachen Flächeninhalt A_3 des Dreiecks.

$$A_{12} = 6A_4 + 12A_3 = 6(A_4 + 2A_3)$$

Das gleichseitige, gestauchte Sechseck aus der Aufgabe setzt sich aus einem Quadrat und zwei gleichseitigen Dreiecken zusammen. Darum ist sein Flächeninhalt

$$A_6 = A_4 + 2A_3.$$

Der Flächeninhalt des Zwölfecks ist also sechsmal so groß, wie der des Sechsecks und beträgt somit sechzig Quadratzentimeter.

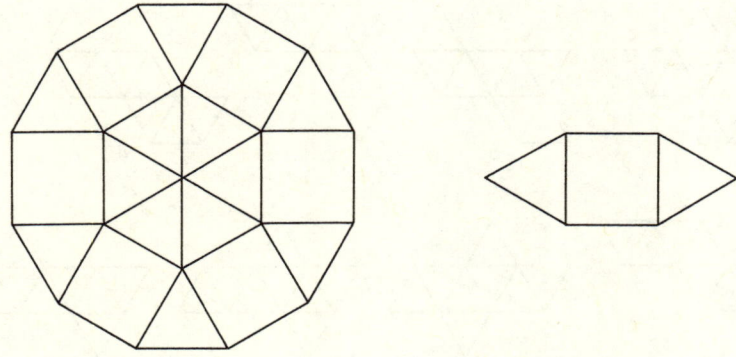

Ein weiteres Sechseck wird, ohne daß sich seine Seitenlängen ändern, soweit gestaucht, bis an zwei sich gegenüberliegenden Ecken rechte Winkel entstehen. Auch der Flächeninhalt dieses gestauchten Sechsecks beträgt zehn Quadratzentimeter. Wie groß ist der Flächeninhalt eines regelmäßigen Achtecks, das die gleiche Seitenlänge wie das Sechseck hat?

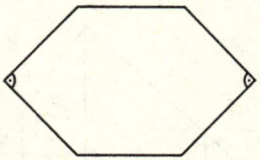

74. Die Fahrt nach München

Es gibt zwischen acht und neun Uhr nur einen Zeitpunkt, wo der Minuten- und der Stundenzeiger übereinanderstehen und zwischen zwei und drei Uhr auch nur einen Punkt, wo sie in genau entgegengesetzte Richtung zeigen. Die Aufgabe hat also eine eindeutige Lösung, und die Fahrtzeit muß mehr als fünf und weniger als sieben Stunden betragen.

Nehmen wir einmal an, der Stundenzeiger einer Uhr wäre nach hinten verlängert und damit zum Doppelzeiger geworden. Wenn nun beispielsweise das Vorderende des Zeigers auf zwölf Uhr steht, zeigt das Hinterende auf sechs Uhr. Sechs Stunden später haben Vorder- und Hinterende des Stundenzeigers ihre Positionen vertauscht, während der Minutenzeiger wieder in seiner ursprünglichen Stellung steht. Dieses Verhalten der beiden Zeiger gilt nicht nur für zwölf Uhr, sondern für jede andere Uhrzeit auch.

Zu Beginn von Alfreds Fahrt stehen der Minutenzeiger und das Vorderende des Stundenzeigers übereinander, am Ziel zeigen sie in genau entgegengesetzte Richtungen. Das bedeutet, am Ende der Fahrt stehen der Minutenzeiger und das Hinterende des Stundenzeigers übereinander. Dies ist dann der Fall, wenn Vorder- und Hinterende des Stundenzeigers ihre Position vertauscht haben und der Minutenzeiger wieder in seiner ursprünglichen Stellung steht. Alfred hat also für die Fahrt von Osnabrück nach München exakt sechs Stunden benötigt.

Quelle: Charles Salkind, Mathematics Magazine 28, März–April 1955, S. 241–242.

75. Tetraeder und Oktaeder

Stellen wir uns vor, wir kappen von einem regulären Tetraeder mit einer Seitenlänge von zwanzig Zentimetern alle vier Ecken ab. Die Schnitte sollen die Kanten halbieren. Die abgeschnittenen Spitzen sind wieder regelmäßige Tetraeder, die eine Kantenlänge von zehn Zentimetern haben.

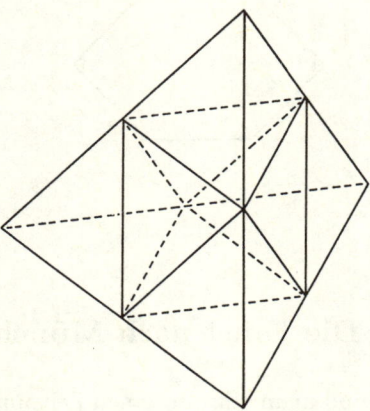

Verdoppelt man bei einem Körper alle Längen, behält aber seine Form bei, so verachtfacht sich sein Volumen. Die kleinen und die großen Tetraeder haben deshalb ein Volumenverhälnis von 1:8.

Der Rest des großen Tetraeders hat acht Seitenflächen, die alle gleiche gleichseitige Dreiecke sind. Vier dieser Dreiecke sind Schnittflächen, die beim Abkappen der Spitzen entstanden sind, die anderen vier sind die Reste der Seitenflächen. Der übrig gebliebene Körper ist also ein regelmäßiges Oktaeder mit einer Kantenlänge von zehn Zentimetern.

Das große Tetraeder, das ein Volumen hat, das acht kleinen Tetraedern entspricht, besteht also aus vier kleinen Tetraedern und einem Oktaeder. Das Oktaeder hat somit das Volumen von vier kleinen Tetraedern, oder anders ausgedrückt: Die Volumina eines regulären Tetraeders und eines regulären Oktaeders gleicher Kantenlänge stehen im Verhältnis 1:4.

Hat man beliebig viele reguläre Tetraeder und Oktaeder, die alle die gleiche Kantenlänge haben, zur Verfügung, kann man den Raum damit dicht füllen. Das heißt die Tetraeder und Oktaeder lassen sich so stapeln und aneinanderlegen, daß nirgendwo auch nur die kleinste Lücke bleibt.

Beweisen Sie, daß die Körper Raumfüller sind!

76. Teilbarkeit durch 7

Schreibt man eine beliebige zweistellige Zahl *AB* dreimal hintereinander und bildet so eine sechsstellige Zahl *ABABAB*, ist diese immer durch 7 teilbar. Der Grund ist, daß das dreimalige Aneinanderreihen einer Multiplikation mit 10101 entspricht, und daß 10101 das Produkt aus 7 und 1443 ist.

$$7 \cdot 1443 \cdot AB = \underline{1\ 0\ 1\ 0\ 1 \cdot AB}$$
$$\underline{A\ 0\ A\ 0\ A}$$
$$\underline{B\ 0\ B\ 0\ B}$$
$$A\ B\ A\ B\ A\ B$$

Teilt man also die sechsstellige Zahl *ABABAB* durch 7, erhält man das 1443fache der ursprünglichen Zahl *AB*.

Quelle: Aufgabe: Martin Gardner, Scientific American 207, September 1962, S. 238. — Lösung: Martin Gardner, Scientific American 207, Oktober 1962, S. 138.

77. Das Oktaeder im Würfel

Ein reguläres Oktaeder kann man sich aus zwei Pyramiden mit quadratischen Grundflächen zusammengesetzt denken. Ein Oktaeder hat jedoch nicht nur eine solcher quadratischen Schnittflächen, sondern drei, die alle senkrecht aufeinander stehen. Am einfachsten kann man sich das vorstel-

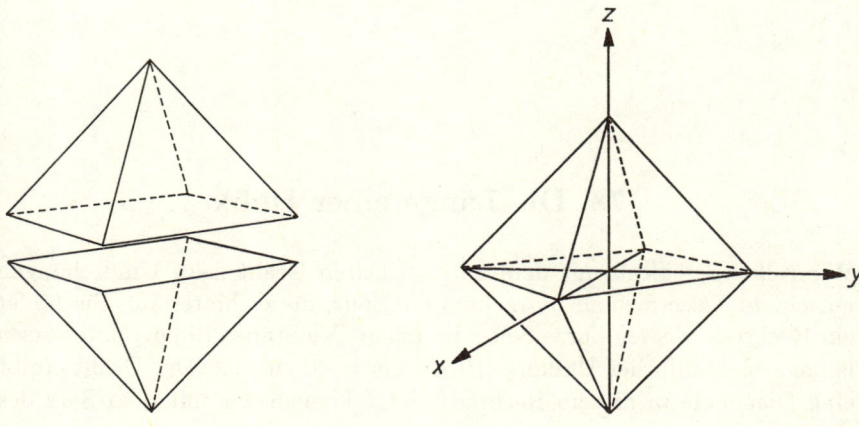

len, wenn man das Oktaeder in ein kartesisches Koordinatensystem setzt, wobei die Ecken jeweils im gleichen Abstand vom Ursprung auf den Achsen liegen. Das Oktaeder stanzt nun aus jeder der drei Koordinatensystemebenen, x-y-, x-z- und y-z-Ebene, ein quadratisches Stück heraus.

Diese drei quadratischen Schnittflächen müssen vollständig in den Einheitswürfel passen und können natürlich nicht größer sein als das in der Aufgabe gezeigte größte Quadrat. Aber sie brauchen auch nicht kleiner zu sein, denn das *Nieuwland*sche Quadrat kann auf verschiedene Weisen so in den Würfel gelegt werden, daß gerade die drei quadratischen Schnittflächen des Oktaeders entstehen.

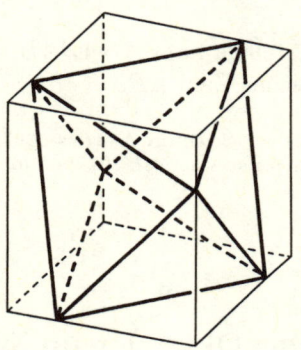

Die Kantenlänge des größten Oktaeders, das man vollständig in einen hohlen Einheitswürfel packen kann, beträgt somit $\frac{3}{4}\sqrt{2} \approx 1,0606602$.

Quelle: Aufgabe: Michael Goldberg, Mathematics Magazine 24, März–April 1951. — Lösung: Leon Bankoff, Mathematics Magazine 25, September–Oktober 1951, S. 48–49.

78. Die Länge einer Helix

Wir rollen den Stab mit dem aufgewickelten Draht zehn Umdrehungen auf einem Tisch ab und betrachten die Spur, die er hinterläßt. Sie bildet ein Rechteck, dessen kurze Seite die Länge des Stabes (9 cm) und dessen lange sein zehnfacher Umfang (10×4 cm $= 40$ cm) ist. Der Draht ergibt eine Diagonale in diesem Rechteck. Jetzt können wir mit dem Satz des

Pythagoras seine Länge *l* berechnen:

$$l = \sqrt{(9\,\text{cm})^2 + (40\,\text{cm})^2} = 41\,\text{cm}$$

Der Draht ist also 41 Zentimeter lang.

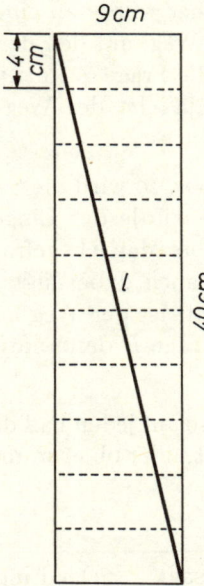

Quelle: Charles W. Trigg, Mathematics Magazine 23, Mai–Juni 1950, S. 278.

79. Puzzlespiele

Zu Beginn besteht das Puzzle aus *n* Teilen, am Ende ist es nur noch ein einziges Teil. Da sich mit jedem Zug die Anzahl der Teile um eines verringert, sind also insgesamt *n* − 1 Züge notwendig. Welche Strategie man beim Zusammensetzen verfolgt, spielt dabei keine Rolle.

Quelle: Leo Moser, Mathematics Magazine 26, Januar–Februar 1953, S. 169, 170.

80. Die Frage des Forschers

Der Forscher hat etliche Möglichkeiten, seine Frage zu formulieren, aber sie laufen alle auf das gleiche Prinzip hinaus. Eine mögliche Frage ist: „Wenn ich dich fragen würde, ob dieser Weg zum Dorf führt, würdest du dann mit ‚ja' antworten?" Dabei zeigt er auf einen der beiden Wege.

Die Frage, die der Forscher dem Eingeborenen stellt, besteht aus zwei geschachtelten Fragen, die die Eigenschaft haben, Lügen von alleine auszuschalten. Wir nennen die innere Frage A und die äußere B.

A = Führt dieser Weg zum Dorf?
B = Wie würdest du auf A antworten?

Nehmen wir zuerst einmal an, der Forscher würde an einen die Wahrheit sagenden Eingeborenen geraten. Ist der Weg, auf den der Forscher zeigt, der richtige, so würde der Eingeborene die Frage A mit ‚ja‘ beantworten. Folglich ist auch seine Antwort auf B ‚ja‘. Ist der Weg aber falsch, so würde er A und B mit ‚nein‘ beantworten.

Trifft der Forscher jedoch auf einen Lügner, so wird die Sache etwas komplizierter. Wenn der Weg richtig ist, so würde der Eingeborene auf die Frage A mit ‚nein‘ antworten. Da er aber danach gefragt wird, wie er diese Frage beantworten würde, und er auch dabei lügt, muß er ‚ja‘ sagen. Die doppelte Lüge hebt sich also auf. Ist der Weg falsch, würde der Eingeborene auf A mit ‚ja‘ und auf die Frage B dann natürlich mit ‚nein‘ antworten.

Der Forscher bekommt auf seine Frage also auf jeden Fall die korrekte Antwort, egal ob der Eingeborene immer lügt, oder ob er immer die Wahrheit sagt.

Der Forscher zeigt auf den	Der Eingeborene sagt die Wahrheit.		Der Eingeborene lügt.	
	Frage A	Frage B	Frage A	Frage B
richtigen Weg. falschen Weg.	ja nein	ja nein	nein ja	ja nein

Quelle: Aufgabe: Martin Gardner, Scientific American 196, Februar 1957, S. 152, 154. — Lösung: Martin Gardner, Scientific American 196, März 1957, S. 166.

81. Monominos und Triominos

Alle Felder des Schachbretts sind mit einer der drei Ziffern 0, 1 oder 2 versehen worden. Legt man ein Triomino auf das Brett, so deckt es immer, unabhängig davon wo man es hinlegt, entweder zwei Einsen und eine Null oder zwei Nullen und eine Zwei ab. Die Summe der abgedeckten Ziffern ist in beiden Fällen zwei.

Mit einundzwanzig geraden Triominos werden also dreiundsechzig Ziffern abgedeckt, die zusammen den Wert 42 haben. Da die Summe aller vierundsechzig Ziffern des Schachbretts 44 beträgt, muß das übriggebliebene Feld die Ziffer zwei haben. Das bedeutet nun, daß das Monomino nur auf einem der vier Felder liegen kann, die eine Zwei tragen.

1	1	0	1	1	0	1	1
1	1	0	1	1	0	1	1
0	0	2	0	0	2	0	0
1	1	0	1	1	0	1	1
1	1	0	1	1	0	1	1
0	0	2	0	0	2	0	0
1	1	0	1	1	0	1	1
1	1	0	1	1	0	1	1

Eine mögliche Belegung des Schachbretts mit den Triominos und dem Monomino zeigt die Abbildung. Belegungen, wo das Monomino auf den anderen drei möglichen Plätzen sitzt, erhält man, wenn man das Brett um 90°, 180° oder 270° dreht.

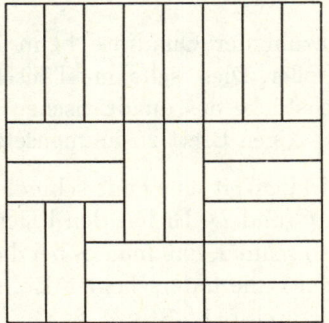

Quelle: Aufgabe: Solomon W. Golomb, American Mathematical Monthly 61, Dezember 1954, S. 676–677. — Lösung: J. Gik, Schach und Mathematik, Moskau/Leipzig 1986, S. 23–24 (russische Orinalausgabe: Moskau 1983).

82. Der Davidstern

Das Verhältnis der Sechsecksflächeninhalte kann man durch einfaches Abzählen bestimmen. Verbindet man den Mittelpunkt des Davidsterns mit den sechs Ecken und den sechs Seitenmittelpunkten des äußeren Sechsecks, zerfällt die Figur in 36 gleiche rechtwinklige Dreiecke. Das innere Sechseck setzt sich aus zwölf und das äußere aus 36 Dreiecken zusammen. Die Flächeninhalte der beiden Sechsecke stehen also im Verhältnis $F_i : F_a = 12 : 36 = 1 : 3$.

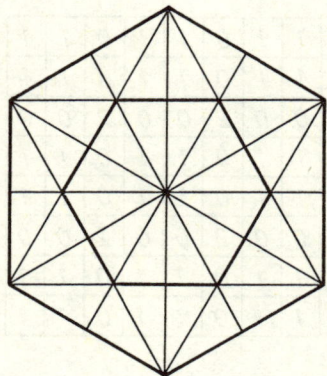

Quelle: Heinrich Hemme, in diesem Buch.

83. Die seltsame Vermehrung

Natürlich wird die Anzahl der Quadrate beim Zersägen und neu Zusammenleimen nicht größer. Diese seltsame Täuschung entsteht dadurch, daß sich die vier Bruchstücke des quadratischen Schachbretts gar nicht lückenlos zu dem rechteckigen Brett zusammensetzen lassen.

Die Linie AC ist in Wirklichkeit eine ganz schmaler viereckiger Spalt mit den Eckpunkten A, B, C und D. Er hat den Flächeninhalt eines Schachfeldes. Das Viereck ist so schmal, daß man es bei dick ausgezogenen Linien nicht von einer einzelnen Linie unterscheiden kann. Der Winkel α an der Ecke A beträgt nur $\alpha = \arctan(1/46) \approx 1,245°$.

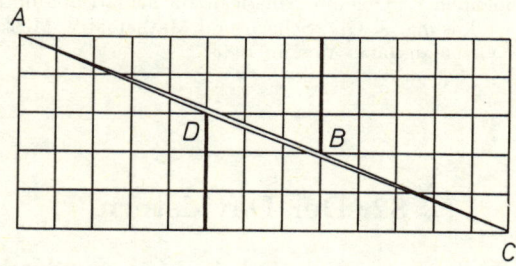

Quelle: V. Schlegel, Zeitschrift für Mathematik und Physik 13, 1868, S. 162.

84. Der Springertausch

Um das Problem zu vereinfachen, zeichnen wir zunächst sämtliche möglichen Springerzüge in das Schachbrett ein. Jetzt stellen wir uns vor, alle Felder wären einzelne Kreise und nur durch Fäden, die die möglichen Züge darstellen, untereinander verbunden. Dies erlaubt uns, die Felder des Schachbretts zu entwirren und neu zu zeichnen.

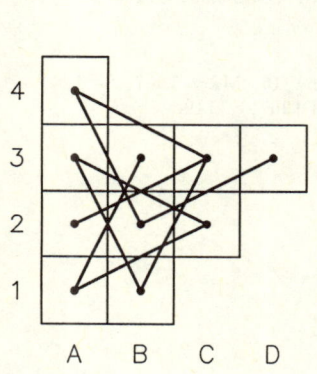

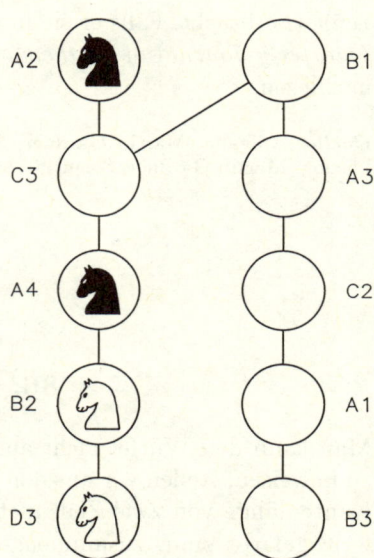

Dadurch wird die Sache recht einfach. Mit den ersten zwölf Zügen schiebt man die drei Springer von den Feldern A4, B2 und D3 in die zweite Spalte auf die Felder C2, A3 und B1. Nun kann man mit vier weiteren Zügen den schwarzen Springer von A2 in seine neue Endposition D3 bringen. Im nächsten Schritt schiebt man die beiden weißen Springer von B1 und A3 aus der zweiten Spalte mit sechs Zügen auf B2 und A4 in die erste Spalte. Anschließend wird der schwarze Springer von C2 mit vier Zügen nach A2 bewegt. Jetzt müssen ihm die beiden weißen Springer den Weg frei machen: Sie werden also mit sechs Zügen von B2 und A4 nach B1 und A3 geschoben. Der zweite schwarze Springer kann von A2 mit drei Zügen in seine Endstellung B2 gebracht werden. Zum Schluß müssen noch die beiden weißen Springer von B1 und A3 nach A2 und C3 geschoben werden. Dazu sind vier Züge erforderlich.

Jetzt haben die beiden weißen mit den beiden schwarzen Springern die Plätze getauscht. Es wurden insgesamt 39 Züge benötigt.

Quelle: J. Gik, Schach und Mathematik, Moskau/Leipzig 1986, S. 119–120 (russische Originalausgabe: Moskau 1983).

85. Eine seltsame Zahlenmenge

Die fünfte Zahl ist 0. Das Produkt von 1, 3, 8 oder 120 mit 0 ist natürlich auch 0. Addiert man hierzu 1, so erhält man immer die Quadratzahl $1 = 1^2$.

Eine sechste Zahl kann man dieser Menge nicht hinzufügen. Der Beweis hierfür ist sehr kompliziert und wurde erst 1969 von *A. Baker* und *D. Davenport* erbracht. Falls er sie interessiert, können Sie ihn in der Zeitschrift *Quarterly Journal of Mathematics*, 2. Folge, Bd. 78, 1969, Seite 129–138 nachlesen.

Quelle: Aufgabe: Martin Gardner, Scientific American 216, März 1967, S. 124. — Lösung: Martin Gardner, Scientific American 216, April 1967, S. 119.

86. Der Würfel

Man kann den Würfel nicht aus 27 Klötzchen zusammenbauen. Um dies zu beweisen, stellen wir uns den Würfel aus 27 kleineren Würfeln mit einer Kantenlänge von zwei Zentimetern, die immer abwechselnd schwarz und weiß gefärbt sind, zusammengesetzt vor. Der Würfel besteht somit aus vierzehn schwarzen und dreizehn weißen kleinen Würfeln. Der schwarze Bereich des großen Würfels ist als größer als der weiße. Die 1 cm × 2 cm × 4 cm großen Klötzchen denken wir uns aus jeweils acht Würfelchen mit einem Zentimeter Kantenlänge zusammengeklebt. Wenn wir jetzt den gro-

ßen Würfel aus den Klötzchen aufbauen wollen, so spielt es keine Rolle, wie wir sie packen: Von jedem Klötzchen sind immer vier Würfelchen in schwarzen und vier in weißen Bereichen des großen Würfels. Daraus folgt, wenn der Würfel ganz aus den Klötzchen aufgebaut werden kann, daß die Hälfte des großen Würfels schwarz und die andere Hälfte weiß sein muß. Da das jedoch nicht der Fall ist, kann der Würfel nicht aus den 27 Klötzchen zusammengesetzt werden.

Quelle: M. H. Greenblatt, Mathematical Entertainments, New York 1965.

87. Konstante Münzumfänge

Da beide Münzen sich einmal vollständig abrollen, ist die Strecke AA' so lang wie der Umfang des Markstücks. Der Umfang des Pfennigs ist natürlich kleiner als der des Markstücks, darum macht er auch keine reine Rollbewegung auf der Strecke BB', sondern gleitet oder schleift über die Bahn. Besonders deutlich wird dieser Effekt, wenn wir uns die Bewegung des gemeinsamen Mittelpunkts der beiden Münzen ansehen. Dieser Punkt hat natürlich den Umfang null und kann sich deshalb durch Rollen überhaupt nicht vorwärts bewegen. Er legt seinen Weg nur durch Gleiten zurück.

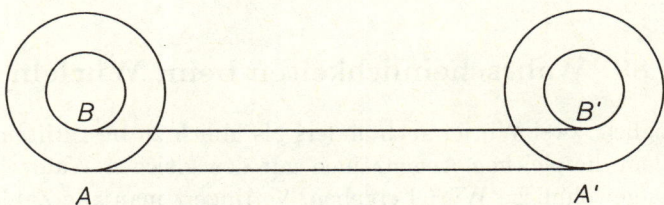

Quelle: Aristoteles, 389–322 v. Chr., Mechanica. — Dieses Aristoteles zugeschriebene Werk stammt wahrscheinlich gar nicht von ihm, sondern wurde erst einige Zeit nach seinem Tod von einem unbekannten Autor verfaßt.

88. Das magische Sechseck

Ein magisches Sechseck zweiter Ordnung gibt es nicht. Dies kann recht einfach bewiesen werden, wenn man sich die magische Konstante ansieht.

Unter der magischen Konstanten M versteht man die Summe der Zahlen in jeder der Reihen eines magischen Sechsecks. Die Summe aller Zahlen im magischen Sechseck zweiter Ordnung beträgt $1+2+3+4+5+6+7=28$. Da jeweils drei Sechseckreihen parallel liegen, ist die magische Konstante ein Drittel von 28.

$$M = \frac{1}{3} \cdot 28 = 9,33...$$

Die magische Konstante muß natürlich immer eine ganze Zahl sein. Da sie hier aber $9,33...$ beträgt, gibt es keine magischen Sechsecke zweiter Ordnung.

Es gibt übrigens auch keine magischen Sechsecke, deren Ordnungen größer sind als 3. Der Beweis dafür wurde 1963 von dem amerikanischen Mathematiker *Charles W. Trigg* erbracht.

Quelle: Martin Gardner, Scientific American 209, August 1963, S. 114.

89. Wahrscheinlichkeiten beim Würfeln

Es ist möglich, zwei Würfel auch anders als üblich zu beschriften, so daß sie trotzdem die gleichen Augenzahlen mit den gleichen Wahrscheinlichkeiten wie gewöhnliche Würfel ergeben. Verringert man alle Zahlen eines

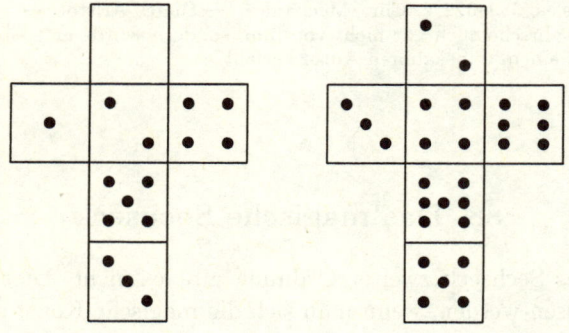

normalen Würfels um einen bestimmten Wert, beispielsweise um 1, und erhöht alle Zahlen eines zweiten Würfels um den gleichen Wert, so heben sich die Veränderungen beim Zusammenzählen der Augen auf. An den Augensummen kann man die Änderungen also nicht feststellen, und deshalb bleiben auch ihre Wurfwahrscheinlichkeiten die gleichen. Auf diese Weise lassen sich beliebig viele Würfelpaare konstruieren.

Für unser Beispiel braucht bei beiden Würfeln nur eine Zahl verändert zu werden: Beim ersten Würfel wird die Sechs durch eine Null und beim zweiten die Eins durch eine Sieben ersetzt.

Versuchen Sie im zweiten Teil dieser Aufgabe die Flächen der beiden Würfel so zu beschriften, daß jede Augenzahl von 2 bis 12 mit der gleichen Wahrscheinlichkeit geworfen werden kann. Auf den Würfeln dürfen positive und negative Zahlen und sogar Brüche stehen. Alle Zahlen dürfen auch mehrfach auftauchen.

Zweite Lösungen

3. Sockenprobleme

Da das Paar nicht eine bestimmte Farbe haben muß, reicht es aus, drei Socken aus dem Korb zu nehmen. Sind Sie zu einem anderen Ergebnis gekommen?

Quelle: 1. Aufgabe: Martin Gardner, Scientific American 196, Februar 1957, S. 154. — 1. Lösung: Martin Gardner, Scientific American 196, März 1957, S. 166. — 2. Teil: B. A. Kordemski, Köpfchen muß man haben, Köln 1982, S. 114, 286 (russische Originalausgabe: Moskau 1959).

4. Die Teilung des Kuchens

So unglaublich es auch klingt: Alfred und Berta können sich immer, bis auf eine sehr selten eintretende Extremsituation, den Kuchen so teilen, daß beide der Ansicht sind, mehr als die Hälfte erhalten zu haben.

Bei dem Verfahren machen beide Kinder einen Vorschlag für einen Schnitt, der den Kuchen ihrer Meinung nach in zwei genau gleich große Hälften teilt. Die Schnitte müssen ungefähr parallel zu einer vorgegebenen Linie, zum Beispiel einer Kante des Kuchens, verlaufen, denn sie dürfen sich

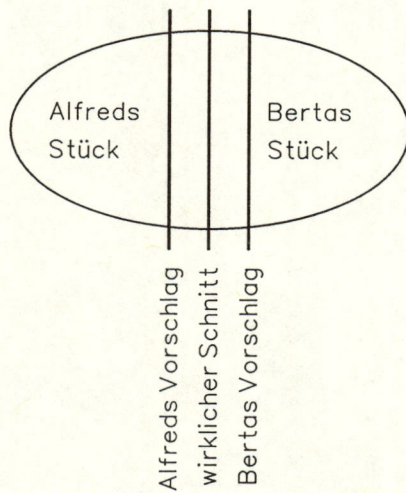

nicht schneiden. Jetzt wird der Kuchen irgendwo zwischen den beiden vor-geschlagenen Schnitten zerteilt, und jedes Kind kann das Stück bekommen, von dem es meint, daß es größer ist als die Hälfte. Nur in dem Grenzfall, daß beide die gleiche Schnittlinie vorschlagen, erhält jedes nur ein Stück, daß seiner Meinung nach genau die Hälfte der Torte ist.

Gerade als Alfred und Berta anfangen wollen, den Kuchen zu teilen, kommt noch der Nachbarjunge Carl dazu. Die beiden überlegen sich, die Torte jetzt durch drei zu teilen. Gibt es ein Verfahren, den Kuchen so zu teilen, daß sich jedes der drei Kinder sicher ist, das größte Stück bekommen zu haben?

Es reicht also nicht aus, ein Verfahren zu finden, mit dem man den Ku-chen so teilen kann, daß jedes Kind mindestens ein Drittel bekommt, denn dann könnte noch folgende Situation auftreten: Alfreds Stück beträgt sei-ner Meinung nach 35% des Kuchens, er glaubt also mehr als ein Drittel bekommen zu haben. Trotzdem ist er unzufrieden, da er meint, daß die restlichen 65% so verteilt sind, daß Berta 40% und Carl 25% erhalten hat. Berta hat seiner Ansicht nach ein größeres Stück Torte als er. Wie müssen die Kinder teilen, so daß jedes sicher ist, das größte Stück bekommen zu haben?

22. Das Zersägen des Schachbretts

Wenn man ein Bruchstück eines Schachbretts in zwei Teile zersägt, hat sich die Gesamtzahl der Bruchstücke um eins erhöht. Am Anfang, bevor das Brett zersägt war, gab es ein Teil, zum Schluß sind es vierundsechzig Teile. Folglich muß der Tischler dreiundsechzigmal sägen, um das Schachbrett vollständig zu zerlegen.

Quelle: J. Gik: Schach und Mathematik, Moskau/Leipzig 1986, S. 17–18 (russische Originalausgabe: Moskau 1983).

31. Inecke und Umecke

Der Trick bei der Lösung dieses Problems ist der gleiche wie bei den Qua-draten aus dem ersten Teil der Aufgabe. Das innere Sechseck kann um 30 Grad gedreht werden, ohne das sich sein Flächeninhalt verändert. Jetzt verbindet man den Kreismittelpunkt mit den Ecken des inneren Sechsecks.

Dadurch entstehen sechs gleichseitige Dreiecke. In jedem dieser Dreiecke zieht man Linien von den Ecken zu ihren Mittelpunkten. Die gesamte Fläche der Figur ist nun in lauter kongruente, gleichschenklige Dreiecke unterteilt. Das große Sechseck wird von 24 und das kleine von 18 dieser Dreiecke bedeckt. Das Verhältnis ihrer Flächen beträgt also 24:18 oder 4:3.

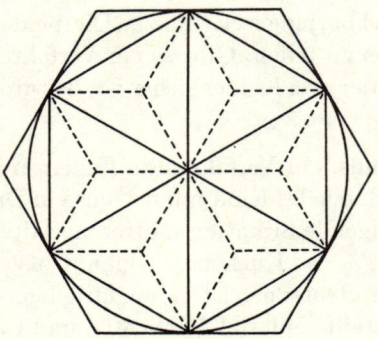

Quelle: 1. Teil: Claude Birtwistle, Mathematical Puzzles and Perplexities, London 1971, S. 79, 177, 191. — 2. Teil: Charles W. Trigg, Mathematics Magazine 35, März 1962, S. 70.

40. Diagonalen

Drei in einem Punkt senkrecht aufeinanderstehende Geraden haben in der Mathematik, aber auch in den Naturwissenschaften und in der Technik ein große Bedeutung: Sie bilden das kartesische Koordinatensystem mit seiner x-, y- und z-Achse.

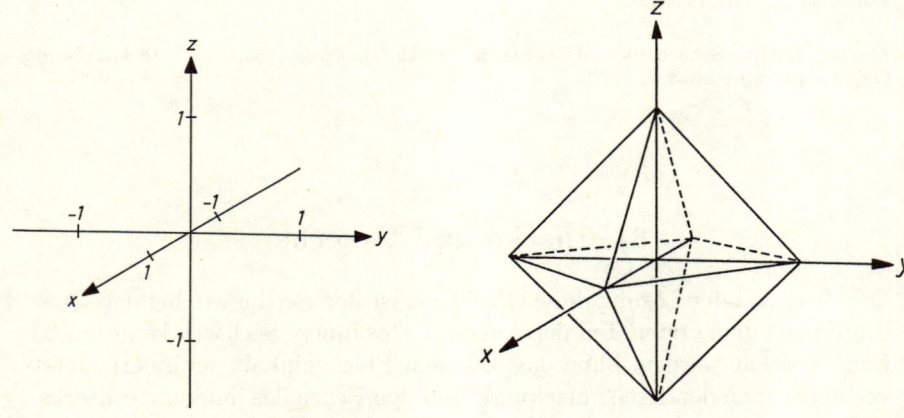

Verbindet man die sechs Punkte auf den Koordinatenachsen $x = +1$, $x = -1$, $y = +1$, $y = -1$, $z = +1$ und $z = -1$ miteinander, erhält man das Skelett eines regulären Oktaeders. Die drei Diagonalen des Körpers werden von den Achsenabschnitten, die alle eine Länge von zwei Einheiten haben und natürlich senkrecht aufeinanderstehen, gebildet. Das regelmäßige Oktaeder ist folglich ein Körper, der die gewünschten Eigenschaften aufweist.

Er ist jedoch nicht die einzige Lösung. Es lassen sich noch leicht unregelmäßige Oktaeder konstruieren, deren Diagonalen zwar gleich lang sind, und die rechtwinklig aufeinanderstehen, aber die sich nicht gegenseitig im Schnittpunkt halbieren.

Quelle: Heinrich Hemme, in diesem Buch.

42. Reihen

Die Reihe besteht aus den alphabetisch geordneten Buchstaben, die in Blockschrift nur aus geraden Linien bestehen. Die Buchstaben, die Bögen enthalten, wie B, C oder D, sind ausgelassen worden. Die restlichen Buchstaben dieser Reihe sind folglich N, T, V, W, X, Y und Z.

Quelle: 1. Teil: Kein Autor genannt, Mathematics Magazine 34, Januar–Februar 1961, S. 184. — 2. Teil: James F. Fixx, Solve it!, 1978.

57. Tetrominos

Wir färben das 10×10-Schachbrett nicht so, wie es bei einem gewöhnlichen Spiel der Fall ist, sondern so, daß sich immer zwei weiße und zwei schwarze Diagonalen abwechseln. Damit läßt sich der Unlösbarkeitbeweis sehr elegant führen.

Legen wir ein gerades Tetromino auf das Spielbrett, deckt es immer zwei schwarze und zwei weiße Felder ab. Das Treppentetromino hingegen liegt entweder auch auf zwei schwarzen und zwei weißen Feldern oder es liegt ausschließlich auf weißen oder schwarzen Feldern. In allen Fällen aber bedecken die Tetrominos eine gerade Zahl weißer und eine gerade Zahl schwarzer Felder. Da es aber 51 schwarze und 49 weiße Felder gibt, also beides ungerade Anzahlen, existiert keine Lösung.

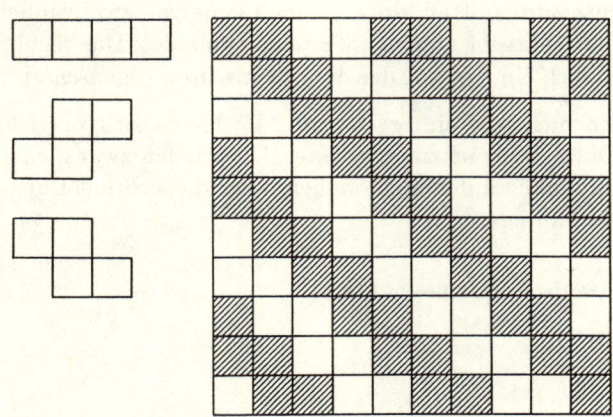

Quelle: 1. Teil: Solomon W. Golomb in: Martin Gardner, Scientific American 203, November 1960, S. 192. — 2. Teil: Solomon W. Golomb, American Mathematical Monthly 61, Dezember 1954, S. 679.

59. Das Färben von Landkarten

Betrachten wir einmal die beiden Länder A und B einer Kreiskarte. Ihre gemeinsame Grenze ist ein Bogen, der zu dem Kreis X gehört. Das ganze Land B liegt innerhalb und das ganze Land A außerhalb von X.

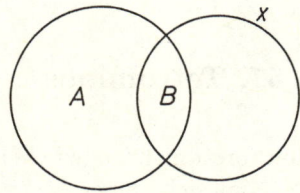

Es ist einleuchtend, daß das immer so sein muß: Sind zwei benachbarte Länder durch den Bogen eines Kreises getrennt, so liegt ein Land vollständig innerhalb und das andere Land vollständig außerhalb dieses Kreises. Alle anderen Länder der Karte umschließen entweder beide Länder gemeinsam oder keines von beiden. Dabei bedeutet das Umschließen eines Landes durch einen Kreis nicht unbedingt, daß ein Teil des Bogens mit der

114

Landesgrenze zusammenfällt, sondern daß der Kreis es auch weit außen umfassen kann.

Daraus folgt, daß die Anzahl der zwei benachbarte Länder umfassenden Kreise genau um 1 differiert. Schreibt man nun in jedes Land einer Karte die Anzahl der Kreise, die es umschließen, so stoßen an ein Land mit einer geraden Zahl nur Länder mit ungeraden Zahlen und umgekehrt, an ein Land mit einer ungeraden Zahl nur Länder mit geraden Zahlen. Färben wir jetzt alle Länder mit einer geraden Zahl weiß und alle mit einer ungeraden schwarz, so ist die Kreiskarte regulär gefärbt.

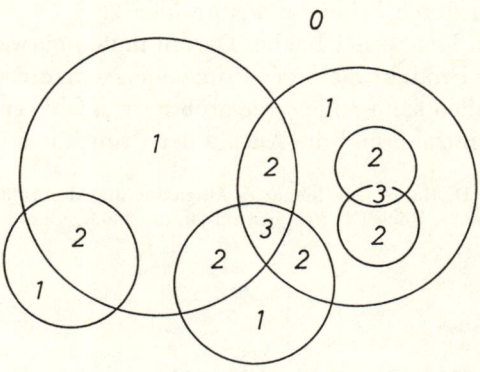

Im Gegensatz zur Kreiskarte entsteht die Geradenkarte nicht aus willkürlich angeordneten Kreisen, sondern aus einer beliebigen Zahl von Geraden. Die Linien dürfen völlig frei gezogen werden, sie müssen nur an den Rändern der Karte beginnen und enden. Die sich schneidenden Geraden teilen die Karte in Länder auf. Versuchen Sie zu beweisen, daß sich diese Karte mit nur zwei Farben regulär färben läßt.

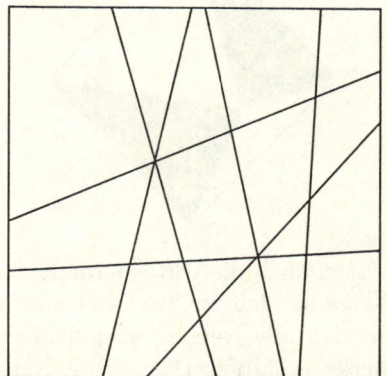

66. Primzahlen

Wir werden den Beweis indirekt führen, indem wir annehmen, es gäbe nur eine begrenzte Anzahl Primzahlen und deshalb auch eine größte Primzahl, und diese Annahme zu einem Widerspruch führen.

Angenommen, die größte Primzahl wäre p. Betrachten wir jetzt das um 1 erhöhte Produkt q aller Primzahlen.

$$q = 2 \cdot 3 \cdot 5 \cdot 7 \cdot 11 \cdot \ldots \cdot p + 1$$

Diese Zahl q kann durch keine der Primzahlen 2, 3, 5, ... oder q teilbar sein, da immer ein Rest von 1 bliebe. Darum muß q entweder selbst eine Primzahl oder das Produkt mehrerer Primzahlen sein, die alle größer als p sind. In beiden Fällen kann p nicht die größte Primzahl sein. Folglich gibt es keine größte Primzahl, und die Anzahl der Primzahlen ist unendlich.

Quelle: 1. Teil: John D. Baum, Mathematics Magazine 39, Mai 1966, S. 160, 196. — 2. Teil: Euklid, Elemente, Buch IX, Proposition 20, ca. 300 v. Chr.

71. Das reguläre Oktaeder

Die Flächen des regulären Oktaeders können wie die Felder eines Schachbretts immer abwechselnd schwarz und weiß gefärbt werden. Dadurch stößt jedes weiße Dreieck nur an schwarze Dreiecke und jedes schwarze Dreieck nur an weiße. Durch diese Färbung erhält das Oktaeder vier schwarze und vier weiße Flächen.

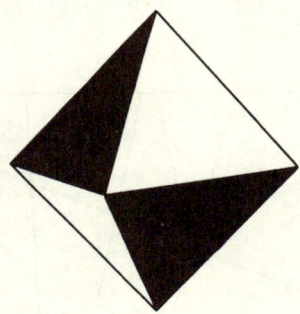

Diese Eigenschaft müssen auch die Oktaedernetze haben. Färben wir die Dreiecke der zwölf Netze so, daß nie zwei gleichfarbige Flächen aneinanderstoßen, finden wir, daß alle Netze, außer dem siebten, vier schwarze und vier weiße Dreiecke erhalten. Das siebte Netz kann nur mit drei schwarzen und fünf weißen oder mit fünf schwarzen und drei weißen Feldern schachbrettartig gefärbt werden. Es kann somit kein Oktaedernetz sein.

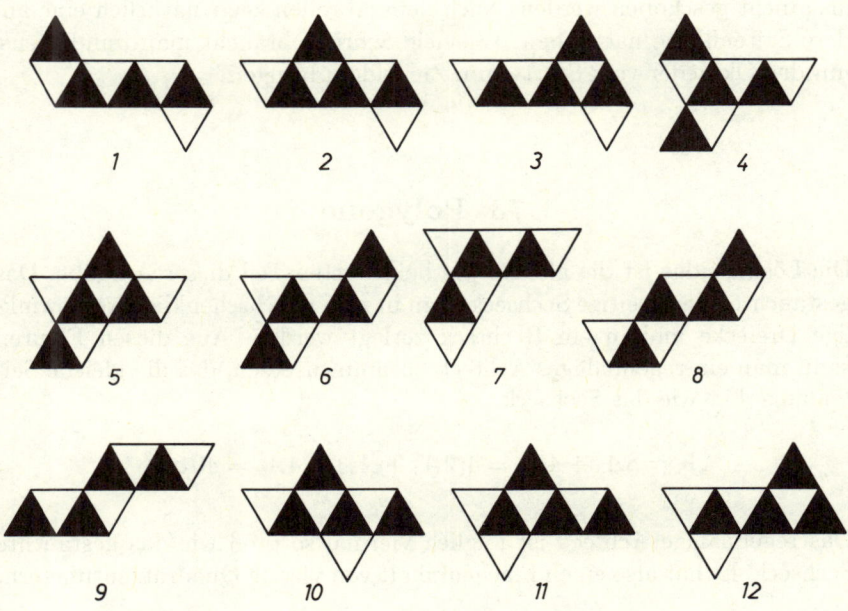

Auf einem unendlich ausgedehnten Dreiecksgitter liegt auf einem Feld ein reguläres Okaeder, dessen Seitenflächen genauso groß sind, wie die Dreiecke des Gitters. Das Oktaeder liegt so auf dem Gitter, daß es ein Feld genau abdeckt. Die nach oben zeigende Fläche des Körpers ist mit einem Kreuz markiert.

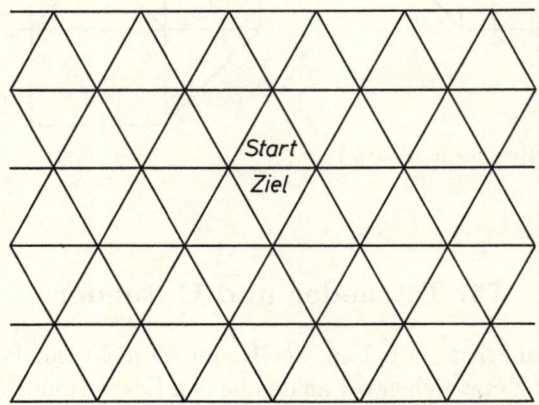

Ihre Aufgabe ist nun, das Oktaeder vom Startfeld auf das direkt davorliegenden Zielfeld zu bringen. Auch auf dem Zielfeld muß die markierte Fläche nach oben zeigen. Um das Oktaeder von einem Feld auf ein Nachbarfeld zu bringen, wird es über eine Kante abgerollt. Das Oktaeder darf also nicht geschoben werden. Nach dem Abrollen zeigt natürlich eine andere Seitenfläche nach oben. Wieviele Schritte braucht man mindestens, um das Oktaeder vom Start- zum Zielfeld zu bringen?

73. Polygone

Die Lösungsidee ist die gleiche wie beim ersten Teil dieser Aufgabe. Das gestauchte, gleichseitige Sechseck kann in zwei gleichschenklige, rechtwinklige Dreiecke und in ein Rechteck zerlegt werden. Aus diesen Figuren kann man ein regelmäßiges Achteck zusammensetzen, das die gleiche Seitenlänge hat wie das Sechseck.

$$A_8 = 8A_3 + 4A_4 = 4(2A_3 + A_4) = 4A_6 = 40\,\mathrm{cm}^2$$

Das regelmäßige Achteck ist folglich viermal so groß wie das gestauchte Sechseck. Es hat also einen Flächeninhalt von vierzig Quadratzentimetern.

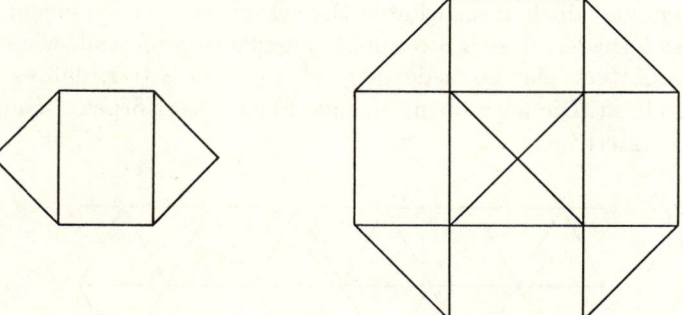

Quelle: Heinrich Hemme, in diesem Buch.

75. Tetraeder und Oktaeder

Wir nehmen zunächst einmal an, der Raum sei dicht mit lauter gleichen Würfeln gefüllt. Jetzt ziehen wir an den beiden Ecken A und B und verzerren das gesamte Würfelgitter. Aus den Würfeln werden Parallelepipede, die aber natürlich immer noch den Raum füllen.

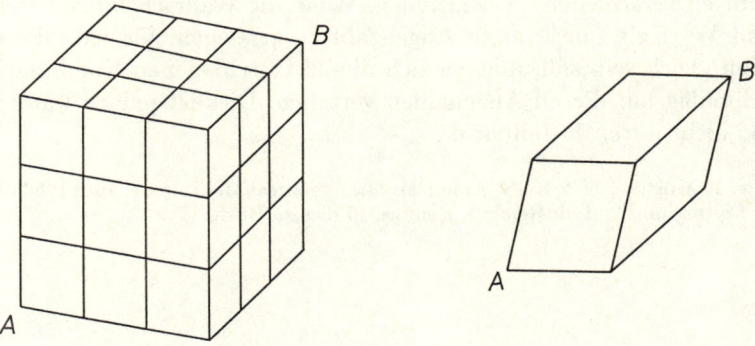

Betrachten wir nun einen einzelnen Würfel. Durch den Zug an den Ecken A und B werden aus den quadratischen Seitenflächen Rhomben. Die Verzerrung wird gerade so gewählt, daß die kurze Diagonale einer Rhombe genauso lang ist, wie ihre Kanten. Die Rhomben bestehen dann aus zwei gleichseitigen Dreiecken. Diesen so verzerrten Würfel kann man sich aus einem regulären Oktaeder und zwei regulären Tetraedern zusammengesetzt denken. Damit ist beweisen, daß man mit regulären Tetraedern und Oktaedern den Raum dicht füllen kann. Gleichzeitig ist der Beweis eine Anleitung, wie die Körper dazu aneinandergelegt werden müssen.

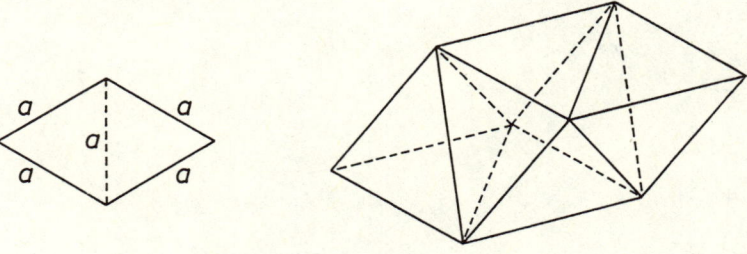

Quelle: Charles W. Trigg, Mathematical Quickies, New York 1967, S. 32, 127–129.

89. Wahrscheinlichkeit beim Würfeln

Das Problem ist unlösbar. Mit jedem Würfel kann man sechs verschiedene Zahlen werfen, bei zwei Würfeln ergibt dies insgesamt 36 Kombinationen. Die Summe der Augen soll von zwei bis zwölf reichen, das heißt, es gibt elf verschiedene Augenzahlen. Wenn die Wahrscheinlichkeiten mit einem Wurf eine bestimmte Augenzahl zu erreichen, für jede dieser elf Zahlen gleich sein soll, müssen sich die 36 verschiedenen Kombinationen gleichmäßig auf die elf Augenahlen verteilen. Dies ist jedoch unmöglich, da 36 nicht durch 11 teilbar ist.

Quelle: 1. Aufgabe: J. B. Kelly, American Mathematical Monthly 57, Juni 1950, S. 416. — 1. Lösung und 2. Teil: Heinrich Hemme, in diesem Buch.

Dritte Lösungen

4. Die Teilung des Kuchens

Es gibt mehrere Methoden, einen Kuchen unter drei Kinder so zu verteilen, daß jedes glaubt, mehr als ein Drittel bekommen zu haben. Bei dem, meiner Meinung nach elegantesten Verfahren, streicht eines der drei Kinder mit einem Referenzmesser langsam von links nach rechts über den Kuchen. Es teilt die Torte hypothetisch in ein kleines linkes und in ein großes rechtes Stück. Alfred, Berta und Carl bewegen gleichzeitig jeder ein Messer so über den Kuchen, daß sie immer der Ansicht sind, ihr Messer würde das rechte Stück genau halbieren. Die drei Klingen müssen dabei annähernd parallel zum Referenzmesser bewegt werden. Sobald eines der drei Kinder meint, das Stück links vom Referenzmesser ist gleich oder sogar größer als ein Drittel, ruft es „Halt!", und der Kuchen wird an den Stellen durchgeschnitten, wo sich das Referenzmesser und das mittlere der drei anderen Messer in diesem Moment befinden. Derjenige, der „Halt!" gesagt hat, bekommt das Stück links vom Referenzmesser. Von den beiden anderen bekommt derjenige, dessen Messer am nächsten am Referenzmesser war, das mittlere und der zweite das rechte Stück.

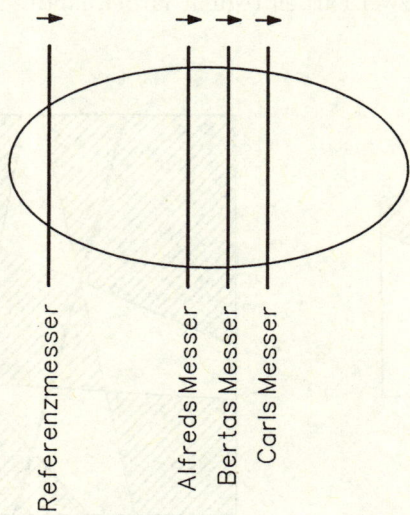

Alle drei Kinder sollten jetzt zufrieden sein: derjenige, der „Halt!" rief, weil er zu dem Zeitpunkt, als er rief, genau wußte, wer welches Stück bekommen würde, und wie groß jedes seiner Ansicht nach war. Die beiden anderen sind der Meinung, daß das Stück links vom Referenzmesser kleiner war als ein Drittel, und daß sie vom Rest mehr als die Hälfte bekommen haben.

Quelle: 1. Teil: Hugo Steinhaus, Econometrica, Supplement 17, 1949, S. 315–319. — 2. Teil: Kenneth Rebman in: R. Honsberger, Mathematical Plums, Washington 1979, S. 33–34. — 3. Teil: Walter Stromquist, American Mathematical Monthly 87, Oktober 1980, S. 640–644.

59. Das Färben von Landkarten

Ein wichtiges und viel benutztes Beweisverfahren in der Mathematik ist die vollständige Induktion. Sie kann bei Beziehungen, die von einer ganzzahligen Variablen n abhängen, angewandt werden.

Im ersten Schritt dieses Verfahrens, dem Induktionsanfang, beweist man die Beziehung für $n = 1$. Dies ist in der Regel recht einfach. Danach nimmt man an, daß die Beziehung für einen Wert $n = m$ richtig ist und versucht zu beweisen, daß sie dann auch für $n = m + 1$ gelten muß. Hat man dies geschafft, ist die Beziehung für alle Werte von n richtig, da man sich von $n = 1$ zu jedem anderen n hochhangeln kann.

Wir wenden dies jetzt auf unser Zweifarbenproblem an. Eine Karte, durch die nur eine Gerade ($n = 1$) läuft, besteht aus zwei Ländern, die sich natürlich auch mit zwei Farben regulär färben läßt.

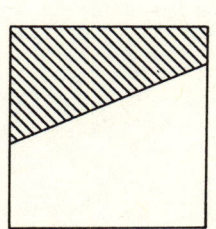

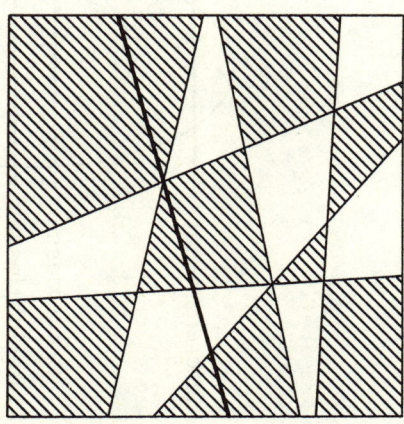

Jetzt betrachten wir eine Karte, die m Geraden enthält und die regulär gefärbt sein soll. Zeichnet man nun eine $(m + 1)$te Gerade dazu, so teilt sie die Karte in zwei Hälften, die beide einzeln betrachtet regulär gefärbt sind. Wir behalten in einer der beiden Hälften die Farben bei und ersetzen in der anderen weiß durch schwarz und schwarz durch weiß. Die reguläre Färbung beider Hälften bleibt dabei erhalten. Falls zwei benachbarte Länder dadurch entstanden sind, daß ein Land der ursprünglichen Karte von der $(m + 1)$ten Geraden geteilt wurde, so haben beide jetzt verschiedene Farben. Die gesamte Karte ist also regulär gefärbt.

Nach dem Schluß der vollständigen Induktion gilt nun, daß jede beliebige Geradenkarte mit zwei Farben regulär gefärbt werden kann.

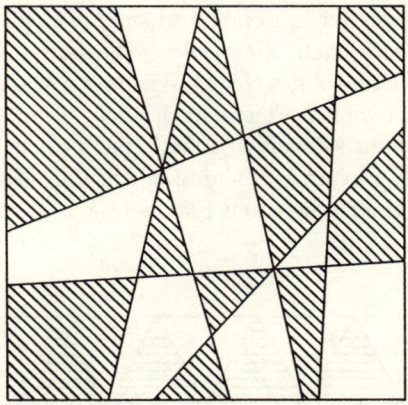

Quelle: 1. Aufgabe: Daniel I. A. Cohen, American Mathematical Monthly 71, Oktober 1964, S. 912. — 1. Lösung: Harry M. Gehman, American Mathematical Monthly 72, Oktober 1965, S. 904. — 2. und 3. Teil: E. B. Dynkin und W. A. Uspenski, Mathematische Unterhaltungen I: Mehrfarbenprobleme, Berlin 1955, S. 3, 36–37 (russische Originalausgabe: Moskau 1952).

71. Das reguläre Oktaeder

Das Problem ist unlösbar. Um das zu sehen, färben wir die Flächen des Oktaeders, genau wie im vorherigen Teil der Aufgabe, abwechselnd schwarz und weiß. Auch das Dreiecksgitter wird schachbrettartig schwarz und weiß gefärbt.

Wir wählen die Ausgangstellung so, daß das Startfeld und die markierte Fläche des Oktaeders beide schwarz sind. Das Zielfeld ist in diesem Fall weiß. Wird das Oktaeder vom Startfeld auf eines der drei Nachbarfelder,

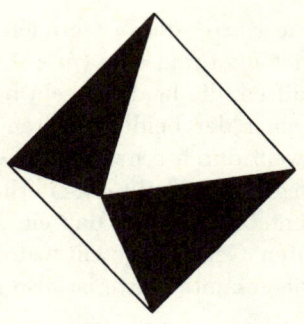

die alle weiß sind, abgerollt, so ist jetzt seine nach oben zeigende Fläche auch weiß. Im nächsten Schritt wird der Körper um ein Feld weiter gerollt und liegt dann wieder auf einem schwarzen Feld und zeigt auch mit einer schwarzen Fläche nach oben. Dieses Verhalten bleibt auch weiterhin so: Egal wie weit und auf welchen Wegen wir das Oktaeder rollen, es zeigt immer mit einer weißen Fläche nach oben, wenn es auf einem weißen Feld liegt und mit einer schwarzen Fläche nach oben, wenn es auf einem schwarzen Feld liegt. Darum ist es unmöglich, daß das Oktaeder auf dem weißen Zielfeld mit einer schwarzen Flächen nach oben zu liegen kommt.

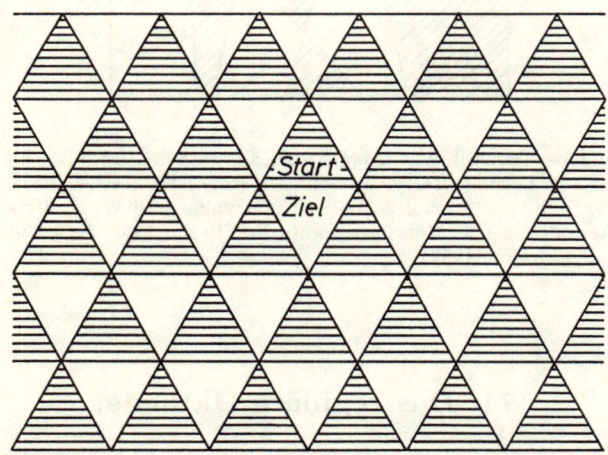

Quelle: 1. Aufgabe: Charles W. Trigg, Mathematics Magazine 38, März–April 1965, S. 116. — 1. Lösung: Sidney Spital, Mathematics Magazine 38, November–Dezember 1965, S. 320. — 2. und 3. Teil: Heinrich Hemme, in diesem Buch.

Heinrich Hemme
HEUREKA!
Unterhaltsame Mathematik in 95 Rätseln mit ausführlichen Lösungen. 1988.
109 Seiten mit zahlreichen Abbildungen, kartoniert

Klaus Langmann
Die mathematischen Abenteuer
von Fritz und Katharina
222 kurzweilige Aufgaben für das Grundstudium der Mathematik. 1988. 141
Seiten mit zahlreichen Abbildungen und Zeichnungen, kartoniert

Friedrich Wille
Humor in der Mathematik
Eine unnötige Untersuchung lehrreichen Unfugs, mit scharfsinnigen Bemerkungen, durchlaufender Seitennumerierung und freundlichen Grüßen. 3., unveränderte Auflage 1987. 127 Seiten mit zahlreichen Abbildungen, kartoniert

Friedrich Wille
Eine mathematische Reise
In Cantors Paradies, Zenons Hölle und andere Erholungsgebiete. (Kleine Vandenhoeck-Reihe 1505). 1984. 119 Seiten mit zahlreichen Abbildungen, kartoniert

Vandenhoeck & Ruprecht · Göttingen/Zürich

Knut Radbruch

Mathematik in den Geisteswissenschaften

(Kleine Vandenhoeck-Reihe 1540). 1989. 173 Seiten mit zahlreichen Tabellen und Abbildungen, kartoniert

Wilhelm Fickert

Kürübungen zum Denken

132 Aufgaben mit ausführlichen Lösungen. 1982. 238 Seiten, kartoniert

Walther Lietzmann

**Lustiges und Merkwürdiges
von Zahlen und Formen**

11. Auflage 1982. 276 Seiten mit 171 Figuren im Text und 9 Tafeln, kartoniert

Karl Menninger

Rechenkniffe

Lustiges und vorteilhaftes Rechnen. Ein Lehr- und Handbuch für das tägliche Rechnen. 12. Auflage 1983. 120 Seiten, kartoniert

Karl Menninger

Zahlwort und Ziffer

Eine Kulturgeschichte der Zahl. Band 1: **Zählreihe und Zahlsprache.** Band 2: **Zahlschrift und Rechnen.** 3., unveränderte Auflage 1979. IV, 218 und IV, 314 Seiten mit zahlreichen Abbildungen, kartoniert und Leinen

Vandenhoeck & Ruprecht · Göttingen/Zürich